高莉娟

对于自己，你只是个陌生人

高莉娟 著

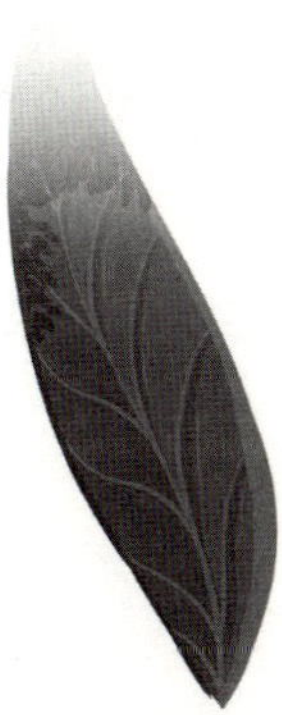

天津出版传媒集团
天津人民出版社

图书在版编目（CIP）数据

对于自己，你只是个陌生人 / 高莉娟著. -- 天津：天津人民出版社，2018.9

ISBN 978-7-201-13845-9

Ⅰ.①对… Ⅱ.①高… Ⅲ.①自我评价-通俗读物 Ⅳ.①B848-49

中国版本图书馆CIP数据核字（2018）第161705号

对于自己，你只是个陌生人

DUIYU ZIJI，NI ZHISHI GE MOSHENGREN

出　　版　天津人民出版社
出 版 人　黄　沛
地　　址　天津市和平区西康路35号康岳大厦
邮政编码　300051
邮购电话　（022）23332469
网　　址　http://www.tjrmcbs.com
电子邮箱　tjrmcbs@126.com

责任编辑　陈　烨
特约编辑　李　羚
策划编辑　冀海波
装帧设计　尚世视觉

制版印刷　天津翔远印刷有限公司
经　　销　新华书店
开　　本　880×1230毫米　1/32
印　　张　9
字　　数　150千字
版次印次　2018年9月第1版　2018年9月第1次印刷
定　　价　42.80元

序

有一天，我的一个来访者跟我讲了一句话，她说："用自己的眼光看自己，而不是用别人的眼光看自己，这样我就有一种稳定的感觉了。"

我首先觉得，这样的反思真是太好了。咨询师这个职业为什么总会带给人成就感，那是因为有些来访者的自我成长能力非常高，很多时候你都不知道自己做了什么，他就已经取得了"长足进步"。

然而接下来，也许是我刚擦了玻璃，视线的无阻碍性让人感觉清清爽爽，而窗外的阳光明媚正好，这让我很乐意站在窗前，眺望尽可能远的蓝天白云，以及天空下的街心花园。彼时，看已不只是看，充斥在脑中各式各样的想法有如生动的小人儿，轮番登场了。

什么是自己的眼光？什么又是别人的眼光呢？你可以说现在这一刻我只想坐在明媚的窗前喝一口小酒听一首反复的音乐，

完全不用管接下来还有多少繁重的工作。这很好。但是，你允许自己这样放松吗？如果你允许，即是说，你不会有冲突，你会想工作是做不完的，能做多少是多少。那么，认为“拥有目前这一刻的清闲是对的”这种眼光就是自己的。但是如果你担心你的老板看到你这么清闲会责怪你，或者你因对接下来如何继续你的工作没有把握而感到焦虑，那么你就不能心无旁骛地享受你的清闲，这个时候，“我想清闲但不能清闲”这个眼光就变成了别人的。

区分自己的眼光和别人的眼光很简单，前者是让自己感到舒服的看法，后者是让自己感觉难受的看法。

不要以为，做一件事情让自己感觉难受，就证明这件事是错的。事情没有对错。让你难受的是你对这件事的看法——你认为这件事情不该做，但你已经做了或者非常想去做。这样的看法存储在你身体里，它已经成了你的一部分。

虽然某些看法或眼光是你的一部分，但它最初并不源于你。对，它源于关系，和周围最亲近之人的关系，比如父母。

就像我的另一个来访者对我说：“我很讨厌我自己，讨厌得想去死。”其实这句话是在暗示，在她的内心世界里，有一个人很瞧不起她、挖苦她、讽刺她。当她被瞧不起、挖苦、讽刺的时候，她在最亲近之人的那面“镜子”里“看”到的是那个丑陋、糟糕的她，这是她不能接受的，但她又相信这是她本来的面目，于是就只好“想去死”。然而当她的心情相对平静安宁的时候，她就“不想去死”了，她甚至能说出自己的一些很有价值的特点。所以，哪个才是真正的她呢？是那个糟糕的她，还是有些价值的她？

这让我想起以前看过的电影《银翼杀手2049》，片中提到复制人的记忆不是真的，而是被植入的，被植入记忆是为了更好地服务于人类。“植入”这个词很有意思，就是说原本没有，后来被强行安置进去。我们的某些观念或信条不也是被“植入”的吗？为了更严丝合缝地“泯灭”于社会大环境、让自己变得和别人一样！

原始社会只要满足吃饱穿暖不被野兽吃掉，就算实现了活着的意义，而现代离原始社会太遥远，我们需要吃得讲究、穿得好看、工作得体面，再用劳动得来的钱换服务、换精神上的享受。这些都没错，可是要求也高了。要求高了，总有些环节做得不尽如人意，于是不满就产生了。一开始是对自己的不满，渐渐地把这不满投射到别人身上，苛责别人尤其是亲近的人，然后再一代代传承下去，慢慢地也就分不清到底是自己从亲近的人那里学会了“不满”这个方式并用它来和自己相处，还是愤怒于亲近之人的不满从而反向形成自己对自己的责备。

你瞧，我们在难过的时候分不清是憎恨自己还是憎恨他人；我们在生气的时候不明白是讨厌他人还是太需要他人来爱我们；当我们心情愉悦的时候，我们感觉世界充满了善意，也许不是因为世界友善才令我们心情愉悦，而是我们对自己符合现实的评价才导致了世界看起来是那么友善。

我们如此不了解自己、困惑于自己的行为和想法，以致我们在看待自己的时候就像看待一个陌生人，这个陌生人的面容、神情和体态，以及说出的语言经常和我们的想象大相径庭。于是，在面对自己的时候，我们不得不成为自己的陌生人。

“我们是自己的陌生人”，你可以把这句话理解为“我不了解我自己”，但它还有另外一种意思，就是说，我们在生命的初期并不是以“自我”开始生活，而是通过与他人的互动来构建自我，这是一个人存在的本质。我们与生命中重要的他人之间有怎样的互动，我们就会拥有怎样的自我。

聪明如你，你也许会想到，即便与一个重要的人相处的过程其基调是温暖的，在时间的长河中也总有那么一些瞬间你不会得到完全的满足；即便与一个冷漠十足的母亲长期生活，她身上也总会有些你不愿看到的或已经忘记的好处。因为人与事物都不是单一的，这才是亘古不变的事实。好的关系让我们产生被爱的感觉，坏的关系导致我们自我厌恶。

如上文所说的“自己的眼光”和“别人的眼光”无非“在好的关系中产生的认同标准”和“在坏的关系中产生的认同标准”，并不存在独立的什么都不依附的自我的标准。

如果你这样问我：“我就是喜欢浅色的素气的什么图案都不带的衣服，我不管别人觉得好不好看，反正我觉得好看，而且这样的衣服最适合我，我一穿上它就显得更美了。”然后你问：“从来没有人教我这么穿过，这难道不是我自己独特的眼光吗？”

我觉得，这样的衣服带给你的美好感觉在你的幼年曾经浮现过，只是你忘了：那一天，阳光灿烂，后来被你评价为自私、严肃、没有人情味儿的母亲带你去公园，她穿着一件浅紫的纯色衬衫，连扣子都是那种最简单朴素的样式，那天她心情很好，她给你买了一只棒棒糖，还亲了你一口，她弯下身来的时候你闻见了她衬衫上的清香。那个时候你有没有5岁？3岁？还是更早？时光荏苒，你长大了，在你的经验中母亲是一个“坏母亲”，她控制、多疑、喜欢干涉你，你连多看她一眼都不愿意，很自然地你也忘记了她在对你做的八九件坏事之后所做的那一两件好事，但是她穿的那件浅紫的衬衫带给你的感觉却不经意地沉淀下来，日后演变成了你独特的审美标准。

你可以不相信，但你不能说这绝没有可能。至此，你又变成了一个陌生的自己：你不是那么深地恨着怨着你的母亲吗？然而当你把和母亲有关的记忆抽丝剥茧，露出悲伤，再把这悲伤拿到太阳底下暴晒之后，眼泪蒸发了，这回你才终于看清，留下的那个莫名的东西不是爱还是什么！

我们都是自己的陌生人，因为我们有不同的面向，这些面向是在我们与他人不同的关系中形成的，而且有太多的面向我们至今都还不了解。在梦里，这些面向可能会以不同的人物出现，他们的所作所为令我们感到惊讶。没有哪一个梦里的人物或现实中的面向可以代表完全的自己，无论糟糕还是令人满意的自己，都是自己。

所以我们应该学会接纳那个糟糕的自己，同时不束缚那个满意的自己。接纳糟糕的自己并不会导致没有人爱，你要想想是谁或谁的眼光把某个时刻的自己定义为糟糕的，没有糟糕的眼光，还会有糟糕的自己吗？

以上，愿与喜欢这本书的小伙伴们共勉！

目录

Part 1　你才是自己的陌生人

Part 2　认识自己，找出内心的阴影

Part 3　观察自己，看清内心的执念

Part 4 接纳自己，听懂内心的呐喊

Part 5 爱自己，获得全新的能量

Part 1

你才是自己的陌生人

生活力不从心，是不能准确定位

我去听一个有关理财的讲座时，与坐在我旁边的一个女孩相谈甚欢。这个女孩得知我是从事心理工作的，便主动加了我的微信，约定晚些时候咨询我一些事情。

这个女孩28岁，网名叫江月，有个两岁的女儿。她原来做会计，因为生了孩子，没人帮着带，不得已辞职做起了全职主妇。

虽然生活表面看起来一派祥和，但她内心时常充满了愤怒、委屈和力不从心感，因此她明白，这不是她想要的生活，她只是一不小心过成了这样。

结婚没多久，她就糊里糊涂地怀了孕，还没有决定要不要，孩子已经四五个月了想做都做不掉了。没办法，生吧。生完才发现，婆婆身体不好不能过来带孩子，自己亲妈也不愿意过来帮她带孩子，而她也不舍得把那巴掌大的小人儿送回老家；老公工作忙，还是个“凤凰男”，大男子主义严重。她只好自我牺牲，全职在家里看孩子做家务。她慢慢变得没有自我、没有朋友，被困在了一个狭小的空间里。幸好，以前工作时的一些关系不错的客户给她介绍了一些兼职，这样让她既能在家照顾孩子，又能不断了跟外界的联系。

我回复她说：“这样挺好的啊，等孩子上了幼儿园，你就可以去上班了，再坚持一年，就可以摆脱目前这种状态了。”

她说：“话虽这样讲，但我现在经常会有无名火和委屈感，发火的时候会把孩子吓到，这挺让我焦虑的。”

我问她无名火和委屈感是从哪儿来的，她又滔滔不绝讲了起来：

“我老公什么都不管，他只负责上班挣钱，按说这很好，可是下班回来，他就打游戏看电视。我呢，白天照顾孩子的吃喝拉撒，一有空就赶紧处理兼职的工作，晚上还得做全家的晚饭，至少得两菜一汤吧。这还不算，等孩子睡了，我还得洗衣服打扫卫生。我一点也不讨厌这份兼职，其实我挺喜欢会计工作的，我天生对数字很敏感。可是为什么人家回家来就能打游戏看电视，我却要白天看孩子、做兼职，晚上干家务呢？这不免让我心生委屈。有时候我向老公抱怨，他就对我说我干兼职是吃饱撑的，不稀罕我挣那点钱。你说，这是什么道理？我做兼职是因为我喜欢那种让自己有价值的感觉，谁图他稀罕不稀罕！我瞎了眼了才会跟他结婚……”

我似乎从她的诉说中看到了一个眼中无光、满口碎碎念、做事不讨好的中年妇女的模样，这个形象与我当时见到她时的年轻飞扬相去甚远。

我说：“你好像满肚子委屈，觉得自己付出了很多，却不被人理解。”

她说：“是啊是啊，我也看过一些心理学的公众号，你们有个说法叫‘不被人看到’，我觉得我自己就是没有被老公看到，这是我委屈的来源吧？”

我拿着手机呵呵直笑，心想概念或理论并不是被这么硬生生地套在人身上的，假如不从生活本身来理解理论，那么理论就相当于“僵尸”。

我问江月：“你对你自己的定位是什么？”

江月说：“这倒把我问住了，我能有什么定位？以前我是个上班族，现在我是个全职主妇。这么说的时候我心里很不舒服，我实在不能接受自己只是个全职主妇，虽然现在的社会对全职主妇的尊重程度高了很多，说什么全职主妇也是工作，可是这份工作没有收入，你只能寄希望于自己嫁了个有修养的老公，可是对方的品性又不是自己能掌控的，再说人是会变的，你怎么能确保自己是安全的呢？”

我又继续问她：“可是你一直在做兼职会计啊？这怎么解释？”

她说：“那都是可有可无的，有人找我就做，没人找我就闲着，这没有什么难以解释的啊！”

我却觉得，问题就出在这里。

我对江月说：“你以全职主妇自居，却不认同这份‘工作’，同时你从事了自由职业，却仍然没有把兼职会计放在应有的位置上，比如为它规划出合理的时间，像对待真正的工作一样对待它。你把自己定位成A，却不理解A是什么样的概念；你为B付出了很多精力和时间，却没想过这意味着什么。我想这是你难受的原因吧？”

她久久没有回复。

这番聊天倒让我感慨颇多。

我从来不认为自己是个家庭主妇。虽然我很早就不上班了，而且照顾孩子占了大部分生活。

我是个自由职业者，我的工作内容有三项：写作、做咨询、参加培训（或不断拿出时间去学习）。

我把自己定位得很清楚：先是一名自由职业者，然后才是一名家庭主妇，但不是全职主妇。

这样的定位对我来说有很大好处，它让我不至于把生活搞得一团糟，分不清什么时间应该用来干什么——任何东西都是需要边界的。边界不清，人就会有莫名的焦虑。

试想如果你新换了一份工作，但没有人告之你的职务和工作范围是什么，领导会把大小事务都交给你去做，这样的工作你做得长久吗？

不过我对自己的清晰定位也不是一开始就有的。以前我总认为，既然我不上班，那我就有义务照顾老公和孩子的饮食起居，以及整个家庭的运转。至于我热爱的一些事情，比如写写画画、看个小说和电影，只能见缝插针地去完成。但随着我写得越来越多，做咨询越来越多，需要学习的东西越来越多，我只恨光阴快得像飞奔而过的马，尾巴一甩就不见了。然而我却还顶着家庭主妇和全职妈妈的名衔授人以柄，比如亲戚朋友会说："你时间一大把，这点儿活算啥？"老公会说："你天天待在家里还喊累，我得累成啥样啊？”孩子也不会理解，她会说："我都说三回了要吃可乐鸡翅，你每次都忘。"

以前我会觉得，其他人太可恨了，我累成了狗你们都看不到；后来我才发觉，可恨的是我。

因为我没在第一时间意识到自己的角色已经变了，我不是全职主妇，我是一个自由职业者。自由职业也是一份工作，它除了办公地点自由以外，与全职工作没什么两样，都需要付出一定的时间，都需要认真负责，都需要有所规划，而不是做与不做一个样、做好做坏一个样。自由职业并不代表"随便"，它需要科学的时间管理，以及自律。

我没有意识到全职主妇和自由职业这份工作的边界，自然我也不会告诉老公和孩子"我有工作要做，请你们帮我干点儿力所能及的家务活儿"。所以当我恨不能三头六臂的时候，我一直在责怪我的家人拖累了我，其实这对家人来说是不公平的。每个人都不愿意干活，我又没有明确告诉他们需要做什么、怎么做，我还责怪他们什么都不干，这难道公平吗？

意识不到全职主妇和自由职业工作的边界，于我来说还有一个副作用，那就是当我忙于自己的事情而疏于照料家庭的时候，我会有内疚感，认为自己不是一个合格的妻子和妈妈。其实这完全没必要，哪个有两个孩子、夫妻两人都有工作、老人又都不在身边、从未请过钟点工的家庭不是过得鸡飞狗跳？我家也是这种情况，凭什么就不能鸡飞狗跳呢？当我白天努力工作，晚上看见房间乱得像战场的时候，我又凭什么要感到内疚？难道我以为自己是超人或天才，时刻都能完美解决所有事情吗？

这么一想，我对自己的宽容和理解度瞬间提高了几层楼那么高。

我很想对江月说，这世上所有的委屈、不公与力不从心感，都不是外界带给你的，而是你未曾弄明白“自己是谁”，这是“自己的坐标”的模糊感所带来的。

我记得有一个小故事是这样的：

一个醉汉在路灯下不停地找东西，路人问他丢了什么，他说丢了钥匙。路人帮他一起找，结果仍然没找到。路人就问：“你是在哪里丢的呢？”醉汉说，他刚出家门就丢了。路人大怒：“那你干吗来这里找？”醉汉振振有词：“因为这里有灯光啊！”

我们很容易看出醉汉错在哪里，很多时候我们的思维方式其实和醉汉是差不多的，都倾向于到熟悉的领域、外界或旁人身上这些看得见的地方去找自己需要的东西——钥匙、答案，虽然费了不少力气，却是徒劳无功。

不接受自己的处境又不能逃离这个处境的时候，我们倾向于进行“外归因”，就是说把原因归结到环境和别人身上去。这不是不可以，只是这样做的时候，我们得不到任何有成效的结果，因为环境和别人不可能替你改变，或它们会自行去改变，这样你还不是变着花样让自己万劫不复！

把注意力收回到自己身上来，我们就避免了重复那个在路灯下找钥匙的醉汉的命运。有一个词叫“意识扩容”，就是说尽量把未曾注意到的潜意识内容，比如一闪而过的想法、奇特的观念、细小的内心的声音纳入意识当中来，去感受、去分析，努力看清一个事物或过程的全貌。这样我们的意识范围就扩大了。

后来江月回复微信过来，她说她想了很多，可能正如我所说的那样，她对自己的定位与现实不符。接下来她说了几句话，我觉得特别到位，她说：“要么我去上班，找人带孩子；要么我接受自己目前就是个家庭主妇，管好孩子做好家务就行了；要么我把自己看作自由职业者，那我就得为这个工作合理规划时间，不能让孩子和工作起冲突。我把自己定位成什么不重要，重要的是我做了什么以保证这个定位是稳定的。”

我觉得这是对的。生活不堪重负的时候，不是因为背得太多或无从选择，而是不能对自己准确定位，不能准确定位就不能扔掉“万一有用”的内容。一旦有了定位之后，很多无关的东西就可以轻松扔掉了。

你的一切，都是信念在作怪

《牧羊王子奇幻之旅》这本充满象征意义的故事书，讲述了一个叫作圣地亚哥的男孩为了连续做过两次的梦而穿越大沙漠去寻找金字塔，最终找到了梦里宝藏的故事。

圣地亚哥在路途中遇到许多好人，也遇到许多坏人，好人给予他指引，坏人则骗去他的钱财。对此，他的反应很值得玩味，比如撒冷王对他说应该去寻找他的宝藏时，他很震惊："你怎么知道我梦见宝藏了？你怎么知道宝藏对我来说很重要？"再比如当他遇到水晶店的店主，并为店主打了一年的工，挣了足够多的钱而打算离开时，店主对他说："我不会去麦加，正如你不会回去再次当个牧羊人。"他仍感到很吃惊，因为他知道，店主说的很有可能是对的。

这意思就是说，当一个人提到我们的“天命”（一直想去做的那件事）时，会对我们形成触动，这并不是说对方讲的话多有技巧、多么动听，而是“天命”先在内心里存在了，当被一个外界的声音“证实”时，我们的激动可想而知。

“天命”是这本故事书里经常提到的词语，它是为了表达“一直想去做的那件事”，说得通俗一点，我觉得可以理解为理想；如果用心理学的词语来表述的话，可以说成是信念。

圣地亚哥的信念就是“我一定会找到属于我的宝藏，也一定会遇到最美的爱情”。

每个人都有属于他自己的宝藏，也都会遇到与他最匹配的爱情。前提是，你得相信这一点，并努力去实现。

无论你承不承认，每个人都有自己的信念，但其信念并不都是好的，它有“消极”和“积极”、“沉重”与“轻松”之分。你相信什么，老天就会给你什么，无论好的还是坏的。有人说这叫“宇宙吸引力法则”，我却从荣格的著作里面找到了最质朴的答案。

先讲一个小故事：有次跟两个朋友聊天，其中朋友A原本是抱着“只要快乐就好”的育儿理念，但朋友B却反驳说：“那不行，要快乐，也要学习好，因为学习好会得到老师的看重，这样他的发展机会就和别的小孩不一样了。”A当时不置可否，但后来她就成了B的坚定拥护者，我觉得很奇怪，因为A在生活中是个很有主见、不太会被周围人的言论所影响的人，但B的说法却改变了她的观念。

这并不是说B的说服力很强，而是A先有这样的一个信念存在：“被老师喜欢的才是好学生。”什么样的学生才会被老师喜欢？当然是成绩好的啊！当B不经意地说出那句话，马上就契合了A“内心的声音”，所以A很容易就被说服了。而之前A所谓的“快乐就好”也许是一种从众心理，也许她真的认为快乐很重要，但仍抵不上被老师喜欢所带来的安全感。

荣格说：“人类是经验的学习者和保留者。”我们曾有过什么样的体验，以及在什么事情上得出过什么样的结论，这种体验或结论就会被我们应用到其他事物上去。这是很容易理解的：我们只能用已知的东西去“同化”不熟悉的领域，这是我们对世界进行认知的基础。比如有这样一个故事，说的是古代的一个农民非常羡慕富人们吃喝不愁，有一次他发狠对左邻右舍说：“等我以后当了官，我就把烧饼馃子（油条）塞满抽屉。”从未见过世面的穷苦农民认为皇帝的生活不过就是可以随意吃到他所见过的烧饼油条，这没有什么好奇怪的。

什么样的经验最不能被剥夺？绝对不是老师、父母告诉过我们的道理，或从书本上学习过的理论，而是我们自己习得的感受或体会。当我们一次又一次经历类似的事情，我们就会“自动”形成一种特定的观念，这种观念根深蒂固，不是那么容易就能被外力更改的。这就是信念的由来。

能决定我们行为的只能是我们自己的信念，任何时候我们都会遵从自己的内心行动，而别人的劝告、道理对我们来说都是身外之物，我们只能去“观赏”。

一个人的信念可能是这样的：雨过之后必是天晴；我总能得到我想要的；遇到困难的时候总有人可以帮助我。

一个人的信念也有可能是这样的：这个世界没那么多好人，他们会欺骗我；人们喜欢我是因为我能为他们带来价值，或我可以哄他们高兴；别人对我好，是有求于我。

内心有什么样的信念，注意力就会集中在那个地方，那么在外部世界中就总会找到可以证实这一信念的事情。这点毋庸置疑。

再讲个小故事：朋友家里装修，她因为忙，就全权交给一个搞装修的熟人去办。结果这个熟人活儿干得不怎么样，还要了她一大笔钱。她很生气，觉得自己被骗了。跟我聊天的时候说：“你看，人就是乐于‘杀熟’，这世道哪有真心实意帮你的朋友啊！”我不清楚装修的过程中到底发生了什么，活儿干得好不好，不好的话到底不好在哪里，我只听到她的信念是这样的：“朋友都是不可靠的。”她因为有这样的信念在先，就会在现实生活中“努力”去搜索可以印证这一信念的事实，结果被她找到了，也许之前她还找到过许多。

但如果同样的事情发生在另一个人身上，他也许会想：“虽然花了不少钱，但我没费丝毫精力就把装修搞定了，这还多亏了有干这行的朋友。”谁也不能说现实生活中没有这种想法的人，有这种想法的人的信念就成了这样：“朋友就是用来帮你渡过难关的。”这是一种被支持的积极感受，而不是“我受骗了”这种被索取的消极感受。

同一件事情，不同的感受，反映的是人们内心不同的信念。有什么样的信念，就拥有什么样的人生。

我还想到有个女孩儿跟我说：“我妈毁了我的前半生，我老公毁了我的后半生。”这句话有点后悔但却很享受的意思，就像有人这样解释伤害：一个人伤害了你，那是因为你给了他伤害你的权力。“毁”也是一样，难道活着就是为了被别人毁吗？我眼前出现了这样一个场景：女孩儿沉浸在自己的痛苦里面，那痛苦很像一个巨大的黑洞，她一边待在里面恐惧着，一边拒绝把手伸给想要拉她出去的人；那痛苦还像一种难喝却可以上瘾的饮料，她一边嚷着“难喝死了”，一边被某种“瘾”引诱着继续喝下去。

其实她的信念是这样的：我不能掌控我自己，我不能决定我要过一种怎样的生活，我的生活或命运都是由外界掌管的，我对此无能为力。她一次又一次暗示自己，这就是生命的本质，然后依据这种信念搜集并验证她是怎样被环境所束缚、被周围的人所控制的。比如她非常讨厌婆婆，一看到婆婆就想吐，但她离不开婆婆，因为婆婆帮她看孩子省了她不少力气，她没有办法独自承担照顾孩子的重任。说“没有办法独自承担”并不是真的没有办法，而是她不想去承担，因为她没有或极少体验过为自己承担一些什么，这对她来说是不熟悉甚至是恐惧的。

虽然你想活得轻松、快乐一点，你想获得自由，你想被人尊重，你想成为一个有钱的人，你想取得一些成就，但现实却总是事与愿违，那么你可以仔细发掘一下自己内心到底有什么样的信念，以及这个信念是如何阻碍了你“心想事成”。

焦虑，是你不敢承认自己很努力

听过太多创业失败、频频跳槽不得善终的悲惨例子。即便有人稳妥地经营着一份事业，却也会因累、麻烦、费精力而焦头烂额，从而产生放弃、改行的想法，或陷入无望的心理状态中。

身边就有一位这样的朋友，本来做会计做得很好，学历高、资格证书多、经验丰富、客户也多，当然收入也颇丰。可就是嫌那些数字太麻烦，整天头疼，想换一个相对清闲又能保证收入的工作。

我就觉得，这山望着那山高，其实到了那山也未必能好到哪里去。虽说人往高处走是没错的，可是高处不胜寒呐！人们总觉得目前做的这份工作不太好，周围的环境不尽如人意，想着换一份工作换一个环境也许就会幸福了。于是不停地开始，不停地结束，折腾来折腾去，时间过了大半，仍有种什么也没落着的空虚感。

我也曾做过这种事。

十年前我是个自由插画师。那时我刚结婚没多久，工作高不成低不就，轻松点的工作嫌挣钱少，累一点的又嫌压力重，干脆赋闲在家，好像什么也不干就能挣到钱一样。可不能总闲着呀，我开始看小说，各种各样的、只要带字的全看。小说看得烦了，就看工具书，比如软件书。后来，我爱人从图书馆弄来一批矢量图软件教程，那时正是杂志插图以摧枯拉朽之势遍地开花的年代，经我手的杂志很多，我见的插图也很多，于是我想，这些插图难道就是这种软件画出来的？我为何不去学呢？我激动的心情难以言表。

接下来的事情很顺利。我用了一个月的时间研究教程，然后像模像样地收集资料，画样图，联系大名鼎鼎的《女友》和《爱人》杂志社，《燕赵都市报》，出版社就联系得多了，记得清的有两个，漓江出版社和时代文艺出版社。现在想来，我当时好厉害啊！我曾有为了赶稿三天两夜不睡觉的经历，美编也对我说："你的画很有风格！"但在那时，我并不觉得自己做得很好，相反却有种焦虑感，总觉得自己画得不好，之所以有那么多人找我画画，那是我走狗屎运，是这种工作者太稀缺，或者是因为我很好说话，从不拖稿的缘故。反正原因都是来自外界，而不在我可控的范围内。

十年以后我为什么放弃了这个工作呢？是因为我觉得自己力不从心，我不是科班出身，也没有受过系统培训，我甚至连素描都画不好，色彩知识更是欠缺，唯一值得称道的，是我的创造力。我把我的作品装饰得光彩夺目，让编辑们喜欢，蒙骗过关。我担心某天黔驴技穷，或者新手们如雨后春笋，我则再没有机会获得编辑的青睐。这令我焦虑。

我焦虑是因为我总是企图抓住那些不可控因素，比如，幸运、机会，它们对我的成功很重要。我相信我的成功都是外界赐予我的，并不是由我说了算的，所以面对工作的进展，我会有力不从心的感觉，只好放弃。

我是那么羞于承认自己的努力，漠视自己的努力，还有比这更糟糕的事情吗？

我看不到自己研究软件时的殚精竭虑，这难道不是我成功的因素吗？我买了好多书，恶补色彩学知识，这难道不是我成功的因素吗？我一一对比分析市面上各种杂志插图的风格，研究有可能用到的技巧，这难道不是我成功的因素吗？我熬夜赶工，这种认真难道不是我成功的因素吗？至于机遇、幸运，我如果没有充分的准备，一百个机会摆在我面前我也抓不住一个呀？至于编辑的夸奖和青睐，假如我画的是“一坨狗屎”，人家为什么要对“一坨狗屎”情有独钟呢？

在此不得不提到归因理论，它用以说明人们如果基于不同的解释，便会对行为做出不同的判断。它是和知觉联系在一起的。知觉是在经验的背景基础上对感觉信息的解释，这些解释既以信息内容本身的特点为基础，同时也受知觉者本身特点的影响。什么意思呢？一个人认为一件事情的成败是哪些因素导致的，取决于他过去的经历、兴趣、态度、动机、期望以及习惯等等。人与人都是不一样的，不同的人有不同的归因方式，归因不同，就会影响一个人做事的成败、坚持度以及满意度。

我曾经遇到过一个做某品牌十字绣的省级代理，那是一个不满30岁的女孩，我们聊天时她告诉我：“我那仓库里的货都摞到房顶了，账上再没有多余的资金；过段时间再看，满桌子都是现金，仓库已经空了，这感觉太爽了。”她告诉我，她当时是怎么拿下的省级代理，她讲话的时候声音洪亮、神态笃定，我记住了她的一句话：“如果你有七分能力，你一定要说到十分，不给对方怀疑、拒绝你的机会。”哇，我马上想到的就是，这个人真够自信的。关于自信，不同的人可能有不同的体会，但在这里，我想说，这个女孩她首先看到的是她的七分能力，她比谁都确信她有这七分能力，这七分能力让她争到了代理权，让她的事业小有成就，而她之所以有现在的成绩，绝不是因为她长得好看，她有一对好父母，或者她走运。

不管我们过去的经历如何，我们能不能从现在这一刻开始，学会内在归因，放弃外在归因？学会个人归因，放弃情境归因？因为外在或情境归因都是我们不可控的，我们不要把自己的成败交给不可控因素，那样会使我们感觉不安全，最要紧的是，它会导致我们怨天尤人。而内在或个人归因是我们可以控制的，通过它我们可以看见自己的努力、耐心、认真，它让我们骄傲、踏实，感觉自己背后有莫大的支持。这倒不是说，我们只要看到自己的努力和认真，做事就一定会成功，而是说，假如一件事情没有做成、做好，我们也不会感到绝望或颓废，因为，一切尽在我们自己的掌控之中，当时机成熟，重新开始便是。

我想，那些创业屡屡失败的人，工作频频跳槽的人，这山望着那山高的人，往往是把自己的主动权交给环境或外界的人，正是因为忽略了自己的内在，做事才不求努力，因为他们相信，努力无用。即便因为对某个事情特别感兴趣而花费的精力多些，他们也会认为是事情本身吸引了他们，促使他们花费了精力，而从来看不到自己对这个事情的付出。其实，很大程度上付出才是收获的决定性因素。

如果说在一份成就中看到自己的努力很重要，那么，在生活里看到自己已经拥有的则同样重要，这两者异曲同工，因为努力和已经拥有的都属于可控因素。这个道理很简单，已有的东西，不管物质还是精神，它们已是实实在在地为你所拥有，被你所掌控。它们是你的基石，没有它们就没有你，你忽视它们，等于忽视了你的支撑。满眼都是未曾掌握的、未知的东西，你盯着它们久了，难免会觉得人生无望。

对生活大致满意的人，往往会看到那些曾经得到过的美好，很少对未来之事耿耿于怀。亲手做一顿美食并和全家人享用它，比要成为一个顶级厨师重要得多。我不是说理想不重要，我是说看到为理想所付出的每一分努力更重要。

你烦恼，是因为不会感受爱

有个读者告诉我，孩子1岁多，虽然工作不是很忙，但她不能独自照顾孩子，必须得有一个人帮忙才行，以前是婆婆照顾孩子，老公当副手。最近一段时间婆婆身体不好，老公做的事就多了一些，比如做饭，晚上哄孩子睡觉什么的，而她自己，除了上班以外每天要留出足够的时间补觉，否则会情绪不好。

当她这么说的时候，我觉得她真是幸运啊，老公帮忙照顾孩子的确是件很舒心的事，遥想当年睁眼闭眼就我和女儿两人，这24小时全职妈妈当得别提多绝望了，我何尝不想有人帮我看会儿孩子，好让我美美地睡上两个小时！

我对这位读者说："那你一定感到很充实、很幸福。"

她说："才没有，我一点都不这么觉得。"

我问为什么，她说："这本来就是他该干的事啊，以前是他妈照顾，现在他妈身体不好，当然是他照顾了，做这么点事还有功劳啦？"

好吧，我由衷地承认这个想法简直太美妙了——谁让你（当爹的）生孩子呢，你生了孩子你就得照顾，我自己反正照顾不了，你看着办！

天呐，我为什么不这么想啊？我要是也这么想，当年是不是就少受好些罪？

我这么说并不是判定这个想法的正确与错误，所有的想法都和自己的需求有关，而需求是不分对错的，只是选择看到的侧重点不同——选择看见你以为正确的、深信的那个方面。你以为事情本就应该是这个样子，其实它们只是你不由自主的选择而已。

然而这个美妙的想法有它的弊端，那就是：我丝毫不感激你为我做的一切，因为这是你应该做的，你做了，就算正常，不做，就是错了，我还用感恩吗？就像你欠我钱，你还了是应该的，不还，你得有多无耻啊！

可是还不还钱和还的钱本身，这是两码事，一个是用来评论的、虚无的形式，一个是实在的拥有。虽说欠债还钱天经地义，可对方要是不还呢？他就是无耻了，你能怎么办？骂他祖宗八辈儿？你毕竟没有得到他欠你的钱。可是话又说回来，即便他欠了你，他也还了，你重新拥有的那部分钱是不是可以用来干点儿你喜欢的事，这也算你的拥有吧。

那么你是把着眼点放在“他还不还你”这个道德性的问题上，一定要论出个对错，还是把着眼点放在“他还你的东西”这个实际层面？

识时务的人都会选择后者。

我知道，当我们习惯性做出A选择，现在得知它有弊端之后再去转向B选择，这个过程是不容易的，甚至是艰难的。艰难的原因不外乎是以下两个方面：

一是你认为关系的实质不是“爱”，而是“欠”。

这个认为也许是童年的生活模式所致，父母给你的不是无条件的爱，孩子自己又没有独立的人格，他们以为生了你养了你，你就欠了他们。言谈举止无一不在表现“我为你牺牲了这么多，你不好好学习怎么对得起我”“我为你做了这么多，你不听话怎么行”“我们家很穷，给你花这些钱你可要争气啊”。诸如此类，这些言语让你觉得很内疚，让你觉得无论你成绩好不好、听不听话、争不争气你都无法还清父母对你的付出，但同时，你心里又有很大的愤怒，你会想“我根本就不想要这些好吗”。呵，谁管你想不想要，人家只是想拿自己一厢情愿的付出控制你罢了。这种控制很隐蔽，让你不知不觉陷入其中逃都逃不开。在这种模式当中你就形成了这样的认知：虽然我很讨厌“欠”，可它却是关系的实质，与陌生人之间哪像与亲近的人之间一样存在“欠”这个东西啊！这就是很多人常说的“只有父母才能对你付出得如此彻底”，而在陌生人之间是不存在这种付出的。

你也许一方面认为亲近的关系靠“欠”来连接，另一方面却害怕欠不太熟悉的人，因为“欠”的背后是无底洞——还不清；你也许一方面认为亲近的人无论做多少都是应该的，因为有“欠”这个东西存在，另一方面却特别感恩于不太熟悉的人的一点点好处，因为人家不欠你。

二是你的核心情绪是孤独。

无论我们的情绪有多复杂，基本的情绪只有五种：孤独、恐惧、受惊吓、愤怒、羞愧。你可以把它们看成是情绪的元素，就像水是由氢和氧两种元素构成的一样。这五种基本情绪每个人内在的排序不一样，排第一位的就是核心情绪。而每一种基本情绪，如果运用得当，都会成为疗愈性的正性能量，运用不得当，就只会是负性能量。

孤独的人有什么特点呢？不相信爱，不主动去体验爱。不动容、不感动、不感激，就是孤独的派生物。有一首老歌是《孤独的人是可耻的》，早年的时候不太理解它在唱什么，现在知道了，它是说孤独的人不相信自己是可爱的、可以被爱的，任何人递过来的好与赞美，他都本能地持怀疑态度，这样一种体验是可耻的。为什么称为孤独？就像一座孤岛，四下全是水，没有连接的陆地；他把自己封闭了，拒绝伸开“触角”；外界是外界，自己是自己，这是两个独立的部分；你不要来连接我，我不接受，我也不会去连接你，我没这个意愿。

在积极的、热情的人看来，孤独的人就像茅坑的石头，又臭又硬，非但如此，他还是冰冷的、不知好歹的。表面看来是这样，但上文已经说过了，任何一种基本情绪都可以是正性的和负性的，如果只是一味缩起来，孤独的人会给人可恨可耻的感觉。可是只有在孤独的时候，撇去世间一切杂音，人才得以获得某种悟性和精神的升华，所以说孤独的人都是很有才气和灵性的。

孤独的人不会主动去体验那些“本来应该给的好处”，因为他与外界的连接是缺失的，就是说这个在旁人看来理所应当的部分在他内心里是没有的。在他看来好处或者爱，分为三类：

第一类：应该给而没给的，他体验到的就是匮乏与恨；

第二类：应该给事实上也给了的，他体验到的是受之无愧、平静，但不会感激；

第三类：不该给却给了的，比如陌生人或不太熟的人之间，他的感受就是非常感动，认为一定要还回去。

总之就是说，我看不到别人对我的好，如果有，我一定会还你，但我不会把它们放在我心里。这是什么意思呢？拒绝爱，拒绝把爱放在心里，拒绝将之当作温暖自己的阳光和支持自己的力量。孤独的人就是这样把支撑自己内心世界的地基一点一点拆掉的。

事实上整个世界的真相是这样的：任何人、任何事物之间都是有联系的，你与父母、亲人、朋友、同事、陌生人之间是这样，你与工作、爱好之间是这样，你与花草树木之间也是这样，只要有联系，你从中获得的体验就可能是支持性的，关键是你要看到这种联系，看到了，它就是你的，看不到，它就消失了。

我曾经在朋友处听到一句话，她说："我遇到的事情分为两类，一类是好事，另一类是还没有看出好在哪里的好事。"与其说这句话是励志鸡汤，不如说它道出了世间存在的真理。这就好像说父母对你的养育在道理上来讲是大公无私的，但你感到的只是愤怒和内疚，那是因为你没有看到正性、有力量的那部分：他们要是不养你饿死你呢？你可以说你宁愿死，事实上离开他们的养育你肯定活不了，你还有机会坐在这里讨论什么是孤独吗？你早早就认定了父母有条件的爱是对你的控制与索取，却忘了他们为了让你吃饱穿暖过得快乐和你不菲的学费而奔劳，看见这些不是为了让你记住你欠了他们，你可以不觉得欠也不去还，只要看见这些就可以了，看见它们你就有了被支持感，你就不会觉得这世上你是孤独的、不被爱的。只是这样给自己留一扇窥视外界的窗口，不好吗？

人常说："这世界不缺乏美，只缺乏看到美的眼睛。"美和爱是一样的，收益、支持感都属于爱，这世界也不缺乏爱，只缺乏感受到爱的心。

看到美，不是为了感恩美，无论你感不感恩，那些美还不是一样在那里存在着？感受到爱，也不是为了去感恩爱，而是那些爱会流入你的身体，最直接的受益者还不是你？

我们真正缺乏的不是美与爱，不是别人为我们的付出，而是我们如何感受到它们。只要能够感受到，就很少有人不去感恩，这样世界才会展示出它温情、美好的那一面来。

你看到的，都是你想看到的

在现实生活中，我们看到一些人即便已成年却依然用幼稚的思维方式去处理问题，对人容易怀有敌意，以己度人，过于固执不听人劝，不能为自己负责等，这些都是人格不够成熟的表现。人格的成熟度是一个“程度化”的问题。

除了我们天生的内部因素，比如心理类型，我们在外部现实中所受的创伤也会影响我们的人格成熟度。创伤在我们每个人的心里都或多或少地存在着，所谓创伤就是指那些无法忍受的心理痛苦，也就是说，只要是无法忍受的，都可以被称为创伤。创伤是痛苦，但痛苦却不一定都是创伤，因为每个人都会受苦，受苦了可以再恢复过来，只有那些难以恢复的痛苦才能成为创伤。

从大的方面来说，战争、地震、车祸等都会造成心理上的痛苦，它们更多是以应激障碍的形式存在，比如说急性应激障碍、创伤后应激障碍、适应障碍。这种创伤会使人出现人格解体、植物神经过度兴奋，而闪回片断会使病人意识分离、选择性遗忘、抑郁焦虑，从而无力应付生活，这时我们会说，这个人的社会功能严重受损了。

一个人最容易在童年或婴儿时期受到创伤，因为小孩都是脆弱的，他不能独立生存，只能通过父母或养育人的养育才能生存。

对小孩来说，最大的创伤莫过于得不到回应、父母过于严厉以及父母常以否定的方式去和他沟通等等。因为，小孩是通过“内化”这种功能来形成和发展人格的，他会把那些对自己不好的人内化到心里去，从而对这个人进行“认同”。“认同”是小孩在内心处理自己与外界关系的方式之一，“认同”的目的是出于安全感的考虑，让自己与所爱的人不分离，或把伤害自己的人的形象“吸收”到自己内心里去，以得到某种控制感，从而可以抵御被伤害的恐惧。当受到创伤的小孩长大以后，也倾向于用“曾遭受的那种创伤”的方式去对待别人，尤其是自己的子女；他甚至还会“引诱”别人以“曾遭受的那种创伤”的方式来对待自己，这就是“投射性认同”。于是，客体关系理论道明了人存在的实质——关系就是一切。

比如有些人喜欢埋怨，并把一切责任推到不相干的人身上去。他们觉得自己的处境不大好，但这都不是自己的错，而是因为老天不公，或是其他人做得不够好。他们需要很长的时间，甚至永远都无法明白，能够改变、拯救自己的，除了自己并无他人。

是什么导致了他们拥有“这都是别人的错”这种想法呢？也许很大程度上是因为小时候父母对待他的方式——经常得不到回应、父母过于严厉甚至暴力对待、常得到否定，因此他们会有一种根深蒂固的羞耻感，这种羞耻感源于小孩们有限的认知：他们不会认为父母对待自己的方式有问题，而是会从自己这里找原因，那就是“自己做错了”“自己不够好”，因为自己没有满足父母的愿望和期许，自己是没有价值的。这真的很让人崩溃。

既然自己是不好的、没有价值的，那么得到爱的可能就会愈加少，而小孩失去爱和温暖就会死掉——不要以为这是夸大其词，对于小孩来说失去爱的体验恰恰如同死掉一样真实，所以在得到爱的可能性很少或越来越少的情况下，他们只有紧紧和父母联系在一起，才不至于被“彻底抛弃”。和父母紧紧联系在一起是很必要的，且越被粗鲁对待，这种联系就越是紧密。这种紧密无关理智与好坏，只关乎安全与生存。

一旦某种联系被冠以“安全与生存”这种“头等大事”的名号，那么它就是庞大的、浓郁的、深刻的，断也没法断，断也断不了。相比那些在宽容、尊重、温暖的环境下长大的孩子，被不公平或粗鲁对待的孩子总是显得畏缩、迟疑、胆怯、不信任。前者很清楚自己是谁，他们与父母之间的边界被很好地区分；而后者因为有不可能断掉的关系，他们也许一生都会和父母纠缠在一起——用父母的眼光去看待世界，用父母的行为去对待他人——这也是找不到自己的原因和结果。

从这点来说，一个没有被不健康的关系所牵绊而渐渐学会独立的孩子，会拎得清、懂是非，社会性也强；相反被关系所纠缠、所吞没的孩子会因为没有机会学习独立，只能将自己永远置于纠缠的关系里面，用旁人的视角看问题，遇到事情再把责任推到旁人身上去。这一点很好理解——反正我不是独立的一个人，我的所思所想，我的行为，大家都有份儿。

越是与父母联系紧密的人，在人格上越是幼稚不独立的，但值得庆幸的一点是，哪怕有一对不怎么负责任的父母，对于小孩来说，如果他的“交往面”不是那么狭窄，也会形成渐趋独立成熟的人格。比如小孩们不把过多的注意力放在父母身上以获取他们的欢心，而是有机会与更多的“温暖的长辈”待在一起，或是投入喜欢的事情中，比如阅读、玩感兴趣的游戏，那么他与他人、与事物的关系都有可能向好的方向不断“内化”，从而对他的人格发展产生有利的影响。

比如我有个朋友从小就是通过与书本、与喜欢的学科建立良好的联系而成长为一个自信的人的。她的母亲脾气很大，父亲无论什么时候都是个温柔的“老好人”，且常被母亲所控，当她在母亲那里受到打击、得不到理解的时候，就转而投入古诗词，用她的话说，她只有在书里才能得到安慰和安全感。在我看来，这是一种美好的经历，她在这种经历里体验到安定，而这种安定大大盖过了从原生家庭里遭受到的不被认可。她的自信就是从这里产生的。

还有些人对人际关系适应不良、容易被内心冲突所左右，不能很好地调节自己以适应环境，这是因为创伤会导致心理发展的停滞。人都有独立发展的内在愿望，在自由的环境中，成长不受打扰，人会渐渐成长为成熟的人。一旦创伤存在，或创伤遭受得越早，小孩没有能力去处理，那么他的情感、心智或面对世界的方式就会停留在受到创伤的时刻，他会永远以一个孩子自居，并以孩子的眼光和行为与世界接触，那么拥有成熟的人格也就变得不那么可能。

每个小孩从出生开始都会遭受痛苦。如果身边有一个可以理解并接纳他痛苦的人，他就会知道，自己是可以被照顾的，他就能慢慢学会安抚自己的痛苦，也就是说，他自行发展了某些策略可以安抚自己，那么这个过程就不再是创伤。反之，这个创伤就会存在，如果反复发生，就会一再积累，由小变大。

作为一个咨询师，如何判断一个来访者的心理成熟度呢？靠的是在咨询过程中一点点揭示来访者使用的是哪种防御机制；作为一个普通人，如何看到自己的心理成熟度呢？靠的也是对自己所使用的防御机制的内省，当然做到这点并不容易。

所谓防御，就是指免去体验不愉快情感的心理活动或行为，通俗一点说就像人的免疫系统，有它的遮挡可以让人免受外界侵害。人们会采取与创伤发生的年龄段所适应的防御机制，如果创伤发生得太早（人可能受到的创伤，从出生的那一刻就已经拉开了序幕），那么他就会采用极不成熟的防御，比如否认、投射、回避、分裂、反向形成等等；稍大一点就是置换、虚构、压抑、升华；青春期以后包括幽默、自嘲、不认同等等。

试想一下，当你用否认（不承认一件客观事物的发生）、分裂（非黑即白）、投射（以为自己的想法就是别人的想法）的方式去面对世界时，你永远不能看到世界的全貌，理解不了它的丰富性，你就会显得偏激、疯狂，从而内心痛苦居多。

而当你采用比较成熟的防御机制时，比如幽默、接纳、勇气、宽容、耐心，世界会在你对待它的方式中显示出它善意、温情、可爱的那一面来。

如果你认为世界是充满敌意的、薄情的，并很难去适应，可以认为这是你的防御机制存在问题；相反，以一种更成熟的防御去“过滤”世界的时候，你会发现，很多事情并没有那么难以忍受。

因此，在你的眼中，世界是怎么样的，取决于你所受到的创伤的大小，以及这个创伤被修复的程度。

真正的成长，都有压力

在以前的小区住的时候，我家是一楼，阳台外面有一个小院子，院子里种着两棵香椿树。每年开春，我都眼巴巴盯着树枝，看何时冒出嫩芽，何时抽出新叶。等到攒够一盘菜的时候我会马上下手。随着天气转暖，香椿越长越多，我就拿一些去送给朋友们。然后，香椿慢慢变得干硬难以入口，我只好把每一颗的嫩尖留下，大部分根部都扔掉。可爱的香椿在短短的时光里荏苒成了稻草。香椿不等人！

搬家以后，就没有香椿树了。可我太知道香椿不等人了。每天早晨我送完小宝上学之后都会顺道去菜店买菜，冬去春来，香椿上市了。虽然价格死贵，可是我喜欢啊，在这躁动的春天里，用香椿做一些创意美食，也算一件小小的幸事。于是每天早晨我都会买上四五把最新鲜的香椿。

碰巧一个朋友在微信上问我："快说你中午做啥饭，给点建议，我都不知道往锅里放啥。"

我说，我要做香椿，拿尖椒凉拌，不放油和味精，吃的就是原味。然后我们就谈到香椿这个东西，朋友说："商家也就坑你这样大大咧咧的人，在我们乡下各家都有好多香椿树，都是不要钱的玩意儿，卖给你，四五块钱一小把，还真当成金子啦？"我说："不是我一个人买，很多人都买的，要不然店主就不会进这个货了。"朋友说："要不说嘛，傻子什么时候都缺不了。"

我就笑了："你好歹也捡个文明的词表达啊，说我是傻子。我好像看到了你妈的样子。"

这句话打开了朋友的话匣子，她说："我也有这样的感觉，我越来越像我妈了，我要是每天也买上一堆香椿，让我妈知道了她一准得骂我败家，在她眼里不值钱的东西要是花大钱去买，那就是受骗，只有傻子才受骗。"

我说："我记得你也挺喜欢香椿的味道，以前我守着香椿树的时候，每次摘的新鲜香椿没见你少吃过。"

"谁说不是啊，可我就是做不到自己去买，我要是去买了，我也成傻子了。”

“那你有没有这样想过：按你妈妈的理论，如果在自己认为不值得的事情上投入，就是受骗，就是傻子，现在你也是这样认为的，那么你就没有从这件事上获得过任何回报吗？比如说你吃了香椿，这个味道也只有这个季节才有，让自己吃得高兴一点儿这不是所得吗？如果你不允许自己当个‘傻子’，你这点乐趣也被剥夺了。再说，喜欢琢磨吃的人幸福还来不及，怎么会是傻子呢？再说，就算当个傻子，又能怎么样？”

“我承认你说的都对，可是思想拐弯也是需要时间的。”

这话何其正确。一个人根深蒂固的信念是不容易改变的。如果他不在这上面吃点儿苦头，如果他曾坚持的信念没有给他带来痛苦并被他意识到，他就会恪守这个信念，并以此作为真理。如果别人不按照他的信念去行事，他会认为别人是错的，自己是对的。事物一旦有对错之分，认为自己对的一方就免不了去指责错的那一方。生活当中的矛盾和冲突大多都是这么来的。

当然香椿只是小事情。然而生活中又有多少惊天动地的大事情让你痛得欲哭无泪？车祸、地震、亲人离世，这些算得上大事情，你活到现在有没有经历过一件？面对大事情，每个人感到痛苦是自然的，一点儿感觉没有反倒是不正常。除去这些大事，谁能保证自己每天都过得快快乐乐、毫无焦虑和烦恼？这些焦虑和烦恼又哪一样不是来自一点一滴的小事？

说一件比香椿稍大些的事吧。

我的来访者露露是一个很容易被情绪所困扰的人。小到后悔扔了一个还算喜欢的包包，大到和婆婆拌嘴，每件倒霉的事都会让她心意难平，然后她把这种种不如意都归结为一个根本原因：嫁得不好。她认为在婚姻这件事上自己选错了人，选错了人是因为老公是自己选的，而父母和亲朋好友都不赞成。

你瞧，旁人尤其是父母不赞成的，就是错的、不好的。那什么是对的、好的呢？露露说了，受到祝福的婚姻才是好婚姻，也就是说，周围人都认可的婚姻，才是对的、好的。我问露露："如果大家都觉得某个人选得不错，但你对他没感觉，这也算好吗？"露露说："这不重要，不都说感情是可以培养的吗？"

我几乎在瞬间明白了露露的恐惧和担心所在：她一直认为自己错得很离谱，因为她嫁了不对的人，但她的不满不是针对这个不对的人，而是在选错了之后所要遭受的压力。这个压力是什么呢？是"无法承受错误"。为什么无法承受错误？这要在个人成长中寻找答案，露露跟我讲过，有一次她情绪不好，晚上就做了一个梦，梦见爸爸让她跪下，红着眼睛大声吼她，质问她“为什么你不听我的”“为什么你不怎么怎么做”，虽然这是一个梦，但与现实的场景很吻合，她曾经被如此对待过。父亲的行为和情绪是一种惩罚，这种惩罚来自露露没有按照他的要求行事。当父亲认为自己的要求是对的，可是露露没有按他的要求去做时，那么露露就是“错的”，连露露自己也被动认定自己是“错的”，既然“错了”，当然要惩罚，这种高强度的惩罚就变成了露露紧张和压力感的来源，这是她不能承受的。

在一件事情上的恶劣体验，以后可能会泛化到其他事情上。露露不能允许自己做错事，因为做错事情太可怕了。

为了保证不受到惩罚，就不能犯错误；为了保证“永远正确”，就不能有自己的想法和坚持。别人的想法就是我的想法，别人的坚持就是我的坚持，因为，我和你们一样了，你们就不能再惩罚我了呀，我就不会再有压力了呀，何等快哉！

可是，因“附和”少受了压力，又会形成另外一个恶果：没有自己。“没有自己”是一种更痛苦的痛苦。

很多时候，我们既想“做自己”，因为做自己是畅快的，又不想承受被非议的压力，这种冲突常搞得我们百爪挠心寝食难安。

可实际上，如果我们选择做自己，就要承受来自他人的非议；如果我们承受不了非议，那就只好暂时或永远丢掉自己。

这两种选择看起来都不甚让人满意，哪种选择都有压力存在。

我们不妨仔细考虑一下，这世上有不存在压力的事情吗？上班挣钱，就有来自老板和同事的人际压力；赋闲在家，就要承受没有收入的压力；外出旅游，你要承受行程中不可预料的事情的压力；读书上学，你有考试压力；就算谈个恋爱，也会有分手乃至对未来的焦虑感。要说什么样的人绝少有压力，那就是婴儿：张嘴要吃，伸手要抱，一不痛快马上哭给你看。在婴儿的世界里，他就是世界的中心，全世界的人都要围着他转，他没有什么压力，要实在说有，那就是没有什么压力也是一种压力。

只要我们不是婴儿，我们就需要承受某些压力。但正确认识压力，却是一个成熟独立的人的必备技能。

如果你承受了某些压力，你就得死，那我劝你不要承担。可如果我说，压力不过是自己吓唬自己，不知你做何感想？

惩罚是压力，非议是压力，责难埋怨是压力，嘲笑谩骂是压力，遇到不会处理的事情没有人支持是压力。如此看来，压力的实质就是“没有人爱我”。你惩罚、责难、嘲笑我的时候，我体会不到你的爱，我看到的是你远离、抛弃了我。因为，一个无条件关爱我的人，怎么会惩罚、责难、嘲笑我呢？

因此我们不敢被惩罚、被批评，被抛弃的感受简直太难受了，为了不被惩罚和批评，我们需要按照别人尤其是父母的要求去行事，这样就相当于父母承担了属于我们自己的责任。这样是安全的。但代价却是，我们永远也长不大。

要知道，惩罚、责难和嘲笑，无非为了说明我们“错了”，其采用的标准来自认定我们“错了”的那一方。既然这样，我就是“错了”，又能怎样？我不会因此而死；就算你不爱我，我仍会照顾自己，过好自己的生活，因为我不再是需要你养护的小孩儿了。

有句鸡汤说得好：“就算全世界抛弃了我，我还有我自己。”很多人反感鸡汤，不是因为鸡汤不好，是因为他的心还没有走到那一步。当鸡汤只是别人的道理时，确实是用来讨厌的；当鸡汤变成自己的领悟和经历或感受的一部分时，那就只有一句话可以表明：一切尽在不言中。

心行走的过程诸多艰难，是因为我们害怕的东西太多，害怕是因为我们把自己置于一个小孩的位置，不相信自己可以拥有自我并关爱自我。当我们在被抛弃、被遗忘的丧失感之中勇敢地停留、感受时，内心的那个小孩会慢慢长大起来。

被遗弃是成长的充分必要条件，我们只有先遭受遗弃，才有机会变得勇敢!

快乐与否，都是你的选择

有一天早晨在厨房洗碗的时候，看到窗户外的楼下有一个年轻的男人正在遛一只小京巴。那只小京巴穿着鲜艳的外衣，一路蹦跳、嬉闹。在那一刻，我想起爸爸生前的一句话："整天遛狗有啥意思？玩物丧志！"妈妈也这样认为："正经事不干，光知道瞎玩儿。"在他们看来，做很多事情都是不务正业，只有学习和工作才算得上正经事。

虽然我从不养狗，但我并不认为遛狗是无意义的，我只是选择不去养而已。因为养狗是一件费力的差事，要给狗洗澡、吹风，打扫狗毛和粪便，房间里还经常会有异味，这是我无法忍受的。我把两个孩子养大，已经很不容易，没有精力再去养狗了。但我小时候养过猫，我知道有一个小宠物偎在身边、抓挠我、以各种姿势逗乐我是怎样一种愉悦的体验。这种愉悦如果迁移到养狗上，我完全能够理解每天定时遛狗是多么值得做的一件事，而非如父母所言“没意思”“瞎玩儿”，因为愉悦的、值得做的就是有意义的。

有个朋友开了多年的服装店，最近因为店面要拆迁，一时半会儿找不到合适的店面，她索性也不着急了，趁这难得的清闲时间去旅游。以前她总是说，羡慕那些闲居在家的人，如果她也可以天天闲着，她会为家人准备不重样的餐点，陪孩子上课外班，想去哪里就去哪里。如今她终于有机会去巴厘岛转一圈，却很快就回来了，因为“那里到处都是人”“东西贵得不得了”“没有照片上那么好看”“我还是努力找店面吧”。总之言谈中带有一丝焦虑，仿佛旅行是她不能承受的重担，悠闲也不能成为生活中的常态。仿佛她活着的意义就是不停地忙碌，一旦停下来去享受，她的存在感就消失了。

允许自己轻松着去快乐也是一种能力。这种能力是天生的，但在成长的过程中，我们或多或少会失去这种能力，因为我们内心坚信“不能快乐”。

这让我想起自己的一段往事。我很小的时候，大概读小学一二年级时，有一天中午我拒绝睡午觉，父母和弟弟呼呼大睡，我则趴在窗前的写字台上鼓捣一只“纸制电风扇”模型。我用硬纸板剪成需要的“零件”，仔细涂上好看的颜色，再用胶水一点点粘起来。最后我做完了，妈妈也睡醒了，她看见我的“作品”狠狠地数落了我一番：“你弄这有什么用？不好好睡觉净瞎捣鼓。”然后我也觉得这事挺没意思的，费了那么大功夫，弄了个没用的东西，我到底图什么？接下来整个下午我都无精打采的。

人的记忆很奇特，它总是让你记住一些触动你的东西，这些触动会慢慢影响你的认知模式。很多年后当我不经意地对我的个人体验老师讲起此事，她问了我一句话，她说：“你想想当初为什么要做那个纸风扇？”我说：“还能为什么呀，好玩儿呗。”她说：“是啊，小孩儿都是贪玩的，就是为了好玩儿，可是妈妈的反应让你觉得‘好玩儿’或者‘快乐’是个没意思的东西。”

就在那一瞬间，我的脑洞大开，好像一扇关闭已久的窗户被一只无形的手“砰”地一下推开了，有清风灌进来，在此之前我并不知道那里是有一扇窗户存在的。

是啊，好玩儿或快乐是没意思的，做“正确”的事情才是有意义的。那什么才是“正确”的事情呢？是我认为正确的还是父母认为正确的？当我认为我应该去玩、去疯、去欢乐的时候，父母恰恰认为这是不正确的，然后我就受到了指责，再然后，我的羞愧感就出来了，我会认为自己做错了，我不是一个好孩子。

虽然，我明白，妈妈的本意是担心我不睡午觉会导致下午的精力不够，可是她把对我表达关心的方式用错了，我没有看到她的关心，只看到了她的指责。如果不加以区分，一个弱小的孩子从小到大很可能一直认为“快乐是无意义的、不应该的”，并以此思维模式去与周围的人、事互动。

但其实，快乐是被允许的，所有深爱我们的人都希望我们快乐。快乐亦是每个人的权利，这才是我们生活的真相。既然是权利，那么，就看我们会不会、敢不敢选择了。

有个读者在公众号后台留言说，她很讨厌开会，认为开会是没有意义的，因为每次开会她看到一些同事踊跃发言就感到很不舒服，她觉得他们爱表现、装腔作势，这是她不能忍受的。我问她：“你觉得他们怎样做你就不难受了？”这个读者也说不上来，反正就是不舒服。那我就会认为，她不能放弃的是一种认同的标准：人不能勇于表现自己，这是可耻的行为。而这个标准是在成长环境中获得的，并不是现实世界的样子。因此当她看到不符合这个标准的同事，她就觉得不舒服，如果她知道快乐是一种选择，并且是主动的选择，她会自然放弃那个束缚着她的认同标准。

还有个朋友告诉我："原来我总觉得男人这一生都是责任和义务，现在我却想，人就这一生，为什么不对自己宽容一点儿呢？"这句话我是这样理解的：责任和义务是和爱自己背道而驰的。实际上不完全是这样，有时候所谓的责任也和快乐重叠，比如陪孩子做游戏、讲故事，比如碰巧做了一份喜欢的工作。当责任和快乐不重叠的时候，就要选择，看你认为快乐更重要，还是不得不负的责任更重要；自己更重要，还是他人和外界更重要。

我觉得认为哪个更重要，并没有对错之分，困难的恰恰在于我们无从选择。你能对一个习惯于外界主流的正性评价的人说"做自己喜欢的事情哪怕离经叛道才是有意义的"吗？莫说他不清楚什么才是自己喜欢的，有可能他深信外界好的评价才是他人生价值的最好体现，这种情况下让他抛弃习以为常的标准，踏踏实实地做他自己，恰恰是让他最不踏实的。

既然快乐是一种选择，无从选择的人在某些程度上是不能获得快乐的，因为选择看起来是得到了那个所选的，实际上却是丢弃了那个不能选的。

就像你认为离家近的工作更能让你快乐，因为上班走路十分钟就到了，省去了挤公交或开车的拥堵与麻烦，但你却耿耿于怀它微薄的收入。

你觉得让孩子在家门口的普通小学上学比较能让你获得轻松感，因为距离近，孩子安全，你因此省心省力，但你无法放弃你对他未来学业上的焦虑——老师教不好怎么办？以后上不了重点初中怎么办？输在起跑线上怎么办？好像孩子的一生在他入小学的那一天就已经决定了。

快乐的实质不是世界让我们快乐，而是我们选不选择快乐。一方面选择，一方面放弃，选择不困难，不能放弃才困难。

每当内心有选择和放弃之冲突的时候，不妨想想你的初衷是什么，你又为了什么去做它。想想你欲达到的目的和其中必须要放弃的东西哪个对你来说更重要。如果不能放弃的那个东西更重要，放弃了就会死，那么无论是什么，都不要扔掉；如果快乐、轻松对你来说更重要，那忍痛割爱一回又有何不可？事物有必要分得一清二楚，只有一清二楚才能痛快选择，也只有选择了，才证明你是活过的。

把注意力放在自己身上

在我微信的某个群里，我看见有个叫“家园”的人发了这样一段问话：

“我想知道有些人锲而不舍地每天固定在互不相识的公共群里发转载的信息，这是什么心理？小区群、家长群里都有这种人，真的是每天固定两三条。难道转发信息有收入？还是真的社会责任感这么强？”

于是有人回答：“闲的。”

还有人说：“只是想找点儿事干。”

更有人说：“那会显得自己很重要、很忙碌。”

甚至有人说：“感谢邀请你进群的朋友吧，多学点心理知识就能明白他们那么做是为什么，甚至他们是什么样的人，他们的一言一行无不包含巨大信息量。”

“家园”继续问道：“我觉得坚持是一件难得的事，可给别人转发这些不见得对人家有意义没准儿还招人烦的信息这种事儿，他为什么要坚持做呢？而且很规律地做，这背后是什么心理？真的是没事干，靠这个来寻找存在感？类似的事情我在老人身上看到过，一般老人看到觉得对子女有用的信息会主动转发给子女，子女没准儿连看都不看，可老人会坚持转。可这背后的动力是老人对子女的关心爱护。那种给不相干的人固定转东西的，我一直怀疑是不是有利益驱动。”

与此相类似的事情很多，人们在聊天的时候总会有这样的疑惑：“你说，他是怎么想的啊？”“他为什么会说那样的话？”“明摆着的事情，他为什么就不那么做呢？”……

人们似乎都有一种这样的倾向：只要清楚地知道别人的想法，以及他为什么那样做的原因。好像这样就能把一切掌控在自己手中，让自己从容应对。

可是这样恰恰忽略了一个问题：你为什么要知道别人的想法？别人怎么想和你有什么关系？

这个问题可能会引起一部分人的愤怒，他们会说：“当然有关系了，他觉得我好还行，他要是把我想得很坏，而我本没有那么坏，我不得向他澄清吗？”

可是你需要向他澄清吗？他是你的谁？对一个不相干的人来说，你要取得他的认可，让他以为你没有他想的那么坏，你是把他放在了一个多么重要的位置？这对你来说真的有意义吗？

况且，别人的看法都是他自己的投射，你有什么必要为他的想法去负责？他会付你钱吗？还是他掌握着你的生杀大权？

在与人的相处中，想知道别人的想法以及别人为什么那么做，这个方向是错的，因为顺着这个方向走，你根本什么都得不到，相反还会让自己患得患失。正确的方向应该是“不去猜别人的心理，要问自己别人那么做我为什么不舒服”。

你当然是不舒服的，因为你有情绪在，愤怒、委屈、恐惧、敌意等，否则当你内心很平和的时候，你没有动力去求一个“他为什么会这么想和这么做”的答案。

就像本文开始那个叫“家园”的群友，他可能很讨厌转发“没用的消息”的人，因为他不愿意被对自己而言没用的消息所打扰，在这一点上他是有愤怒的。可能在他的经验里只有至亲才会转发“看起来是为你好，实则无用”的消息，这个行为一旦迁移到陌生人身上他就没办法理解了，因此他只能认为“转发这种消息是有收入的”，跟利益挂钩是他最可以接受的答案。

其实大千世界什么人都有，只有你想不到，没有人家做不到。既便得不到物质上的好处，仍有一些人在不停地干着吃力不讨好的事情，可是人家这样干跟你有什么关系？你不想看可以不看，甚至可以退群，并没让你损失钱财或给你的身体带来伤害。再者说，你不会知道人家收获了多少好处，那些好处都是隐性的，比如存在感、拯救情结、或认为自己是不可缺少的对自我的认同感，你看不上这些不代表人家不稀罕。其实，“你看不上别人的做法”，这本身就是个问题，需要处理的是你的情结，而不是别人的做法。

曾经有个25岁的姑娘对我说，她是一个中学老师，在一次学校组织的旅游中她穿了一件吊带长裙，整个肩膀露在外面。她的镜头感很强，就和同事们一起拍了好多照片，刚开始她拍得很尽兴，但拍到中途，她听到旁边有一个四十多岁的中年女同事跟其他人评论了几句：“真妖啊，现在的小年轻儿可真不得了，还以为自己挺美……”她瞬间就被冰冻了，身体僵硬得如同蜡像，感觉六月的太阳像冬天的一样苍白没有温度。

这位姑娘问我：“她怎么可以这样说？她凭什么针对我？我

又没有招惹她，她难道不知道自己很没有礼貌也没有素质吗？人活到她那个地步不如去死算了。”

姑娘所受到的伤害大概有一口井那么深了。姑娘只是我的一个读者，不是我的来访者，我只能用文字去分析她所受到的伤害，所以我回复说：“把注意力放在自己身上，不要探求中年女同事那么对待你的理由，因为没有意义，要问自己为什么那么容易就被她伤害了，自己为什么那么在意从她口中说出的话。”

随后的一天，姑娘给我发了好几大段留言，文中有好多错字甚至很多地方没有标点符号，看得出她是在非常激动的状态下写的这几段文字，可以说声泪俱下了。她说那位中年女同事的眼神和语气让她想到她的姥姥，她从小是被姥姥养大的。姥姥是二十世纪四十年代初的知识分子，成就很高，思想却顽固而保守。姥姥不准她穿得花枝招展，更不准她穿得“暴露”。

这种羞愤到无以复加的感受当然是创伤，身处这种创伤之中，她一方面感觉自己青春正好，用她的话说“我知道我自己的肩膀和锁骨长得特别美，我就是想把它们展现出来”，但这样则会被她的姥姥骂作“伤风败俗、恬不知耻”。每次她姥姥在骂她的时候，那种厌恶而冰凉的眼神和语气都会让她想找个地缝钻进去永远不出来。另一方面她会觉得这种展现是不应该的，遇到中年女同事讽刺的话语她尤其感觉自己做错了，所以她羞愤的根本是出于“自己做错了”，而并不在于那些嘲讽。

你瞧，当我们遇到类似的事情，与其控诉别人“你为什么那么对我”，不如问自己“他的做法是如何让我陷入了未疗愈的创伤”，把着眼点放在“别人”那里，这是没用的，把着眼点放在“自己”身上才是有用的。

或许，你会问：“如果我不认为自己做错了或做得不够好，当别人讽刺、指责我的时候我就不会感到被伤害，可这是不能成立的，因为我就是觉得自己做得不应该啊，我又如何调整自己、认为自己没有错呢？”

这是因为你认同了一个声音，那个声音告诉你“你这样做是不对的”，比如那个25岁的姑娘，她认同的声音就是“女孩保守一点才是有价值的”，这当然是文化传承的部分。然而这又让我想到了我的来访者小A，她认同的父母传递给她的思想是这样的：一个女孩儿不能在婚前与男友发生关系，如果发生了关系就要与他厮守终生。这当然也是文化传承的一部分，她对这部分足够认同，以致被束缚得痛苦不堪。她是这样想的：既然婚前就和老公在一起了，这决定了她必须要嫁入那个她并不看好的家庭，她的生活从开始就错了，而这个错主要是老公造成的，谁让他明知道什么都给不了我还要主动和我在一起呢？这样的观念让她的生活烦躁不堪却难以逃脱。

如果能意识到被什么束缚着，努力挣脱了便是，毕竟人是活物。可是小A认同文化传承的部分能到什么程度呢？她曾有理有据地给我举过一个名人的例子，她说："你知道好多年前的'艳照门'事件吗？好几个很有名气的女明星不都是因为那件事事业和名誉一落千丈吗？假如贞洁不重要，为什么大家都会批判她们呢？"我很想说："亲爱的姑娘啊，这更说明了你对"贞洁文化"的认同之深啊，现在已经不是旧时代了好吗！"

社会文化环境是很厉害的，它在每个人身上或多或少都有残存，虽然你可能不愿承认这一点，比如男尊女卑，比如男主外女主内，比如孝道。其实，这是我们不常说的"文化的创伤"，当文化与人性和自由相违背的时候，文化总会给人带来创伤。但是社会文化环境伤害你的程度取决于你对它认同了多少。就是说，如果你百分百认同它，它对你的伤害就是一百分；如果你只认同了百分之十，那它对你的伤害就只有十分；如果你一点儿都不认同它，那么随它怎么强大，它都不能进入你心里，它跟你又有什么关系？它又怎么能束缚得着你呢？

社会文化环境是个人不能改变的，犹如别人的想法也是你不能改变的一样。但我们可以改变对文化、对别人的想法的认同程度。只要想一想“这种理念是真的吗”“他说的是真的吗”“我这么做是错的吗”。你就很容易分辨，许多言论都是虚妄的，只有自己和自己的需求是真实的。

愿那些被各种情结束缚而痛苦的人，早日找到真实的自己。

Part 2

认识自己，找出内心的阴影

接受阴影，才能解决问题

我的读者中有个大姐，她一点儿都不喜欢孩子，所以刚结婚的时候就与老公约定十年内不生孩子，至于以后生不生，就看她对孩子的渴望程度了。老公同意这一点，他们才领了结婚证。但刚结婚一年，老公和婆婆就变着花样催促她，甚至求她生孩子。她特别反感，又不敢离婚，因为离婚在娘家人看来是很丢人的一件事。所以思来想去，她还是把孩子生了，但生完孩子足足抑郁了两年。

本以为一辈子也就这样了，但这几年二胎政策放开，婆婆不甘心家里只有一个女孩儿，明里暗里提醒她，趁着还能生赶紧再生一个。这种暗示勾起了她对产后抑郁的回忆，她觉得自己能从崩溃的边缘离开变成正常人已算万幸，怎么会重蹈覆辙去跳火坑？

于是，她直接跟婆婆挑明了："生不生孩子是我跟你儿子的事，不是我跟你的事，我们家的事不用你掺和。如果你儿子非得生二胎不可，就先把婚跟我离了，找另外的女人去生。"

结果，这一摊牌，才发现，自己老公从来没有离婚的念头，也没想着必须生二胎，用他的话说："你不想生，我还省得养了呢。"婆婆一看这架势，自动就偃旗息鼓了，她可不想为了再要个孙子，让儿子变成个二婚男人，同时让宝贝孙女失去亲娘。

大姐说，通过这件事，她发现婆婆并不是恶人，相反，如果站到婆婆的立场上，她也可能会说服儿媳妇再生一个孩子，毕竟老人有老人的想法。但是亲人提出一个想法，你就一定要满足他吗？无关紧要的、有能力满足的当然可以去满足，不愿意满足的、更没有能力满足的就一定要亮出自己的底线，对方能接受这个底线，咱就聚，不能接受，咱就散，我要离你远远的，再也不跟你玩儿了！

大姐还说，有时候真不怪别人欺负你，因为你没有把底线亮给对方，他不知道自己已经侵入了你的底线。但是你为什么不把底线亮给他看呢？是因为你不敢，你恐惧的东西太多。比如我，我恐惧什么呀？恐惧被抛弃，恐惧失去一段关系，恐惧自己沉溺在抑郁中无法自拔。可是，恐惧的那些东西不一定真会发生，就算真发生了，我有不错的工作，我能养活自己，养活孩子也没问题，我怕什么呢？这种恐惧和现实完全不相符，因此这种恐惧就不是我自己的，而是别人放到我身上的，比如我妈妈。我妈妈总是这样说：

“女人结了婚就得生孩子，不生孩子为什么要结婚啊？”

“你要是不给他生，他就会出去找别的女人生，到时候吃亏的还不是你？”

“就算你离婚了，不还得结婚啊，男人都一个样，你何必费那劲？”

早些年大姐真的以为，要是不生孩子，老公就会找别人去生，所以宁愿抑郁也还是生了孩子。她被妈妈灌输的思想幽闭了许多年，这些思想除了让她的恐惧根深蒂固以外并没有其他益处。后来经过这么多年她才慢慢意识到，那些与客观现实不相符的恐惧根本就是妈妈的担心，她怕被丈夫抛弃，她怕离了男人没法儿活，她把她的担心放到女儿身上来，制造一个与她同命运的女儿。这是爱女儿还是害女儿呀？幸亏大姐醒悟得早，不然这一辈子就永远陷入恐惧中了。

最后大姐说，她活到现在，人生中最大的问题就是遭遇婆婆的干涉——催生孩子，她曾对婆婆恨之入骨。曾有一段时间，她认为要解决这个问题，只有婆婆死了她才能安宁。后来在单位的年终酒会上遇到了一位心理顾问，她与这位心理顾问有着几面之缘。这次把酒言欢，大姐诉说心中的郁闷，心理顾问很热心地为她介绍了一位心理咨询师。然后她花了两年的时间，把她的整个人生重新整饬了一番，她才发现自己是多么可笑：以为婆婆死了，自己的“问题”就解决了。其实，该“解决”的却是自己。

大姐与我聊了将近三个小时。结束聊天之后，我脑袋里马上浮现出一句话：问题不是被解决的，而是被超越的。

这个意思是说，问题从来不能被真正解决掉，但当你拥有足够成熟的人格时，问题自然就不存在了。

这就好比你从山下遥望山顶，你觉得山顶好高啊，当你一步步攀爬，到达山顶，把山顶踩在脚下的时候，山顶的“高”就不存在了，你比山顶要高。

就像那位大姐，当她无所畏惧、感觉哪怕一个人也能活得很好的时候，她就能把婆婆“请”出自己的地盘去，根本不用浪费脑细胞。因为婆婆的干涉对她来说已经不是“问题”了。

其实，按我自己的体会，两年的时间并不长，两年会让一个人的自我成长得如此之好，实属难得。关于这点，我问过大姐，大姐说："接受很重要，没有接受就没有成长。"

我觉得她说到了点子上。

一件坏事成为我们的坎儿，让我们始终过不去，不是因为这个坎儿有多困难，而是我们不能接受自己的黑暗面，意即荣格所说的"阴影"。

阴影是一个物体上光明的背面，只要有光明，就会有阴影。光明是人的意识或可接纳的部分，这是很小的一部分。阴影是人的无意识或不能接纳的部分，这是大部分。当一个人只承认他光明部分的存在时，就相当于他的阴影部分是被"分裂"出去的，然而光明和阴影乃是一个整体，看不到或不被接纳的那一部分被分裂出去之后，这个整体就不完整了，能量也会被削减。所以，过坎儿的时候就会能量不足，以致过不去。

当充分接纳了阴影之后，人才算得到了他本应具有的能量，那是不可知的部分，谁也不清楚这部分能量有多巨大，能够像鸟儿一样翱翔天空也说不定。我说的是自由。

我曾经做过一个梦，这是一个重复的梦。什么场景呢？一个场地的西北角部分是我最恐惧的地方，我感觉那里有鬼。这个场地有时候是我小时候长大的家属院，有时候是我读书的学校，有时候是个陌生的地方，不管哪个场地，我从来不敢靠近它的西北区域。但在最后一个重复的梦里，我不得已壮着胆子靠近了那个区域，因为我站在楼上看见不远处有人偷我仓库里的东西，我马上下楼，心里想着如何快速到达仓库。我需要绕过一面墙。但还有一个捷径，即在小区的西北角那里直接翻墙而过，只要翻过墙，墙那边就是仓库了。于是我心惊胆战地靠近西北角，越走越近，我慢慢发现其实并没有什么可怕的，那儿只不过是一个厕所（厕所出现在梦里，代表的就是阴影）。

那个厕所的卫生状况还可以，只是有点简陋，就像农村的那种露天厕所。厕所里面很宽敞，只有一个蹲坑，没有门。厕所的墙很矮、很厚，并且呈现阶梯状延伸至高墙。我心里大喜，很轻松地就沿着厕所的墙壁翻过去了。这让我节省了很多时间！当我到达仓库，发现小偷已经不见了，他们也并没有偷我的东西，只是把它藏到了一个柜子里。我打开柜子，发现里面全是些用不着的东西，上面落满了尘土，其中有个小箱子，我打以后看见里面有个灯罩，是新的，用透明塑料纸包裹着。

几乎在醒来的瞬间，我便知道自己的心态已完全不同了。

我克服了恐惧，我接受了它，它就不可怕了，所以它能助我一臂之力翻越高墙。在高墙外的仓库里，我找到了我的灯罩，那是保护、调节我的信仰（灯）的东西，有了它，信仰更能与现实生活相得益彰。

果然，从那以后我再也没做过那样的梦。

我想说的是，超越一个问题，就要做到接纳。不是接纳这个问题，而是接纳自己的黑暗面。可以这么说，问题正是因为不接纳才突显出来的。

话又说回来，我们为什么难以做到接纳？是因为黑暗的部分令我们恐惧，我们会认为那是不好的、糟糕的、令我们羞愧的。可是让我们体验到不好、羞愧、糟糕之情绪的原因并不是那些东西真的很坏，而是因为不符合我们的某些认知标准从而变得让我们难以接受，才变得很坏。

如果接纳了呢？坏的就变成了好的，或者相对不坏的。那些因不接纳而被驱逐出去的部分，相当于一个整体被削减了二分之一、三分之二，甚至更多，哪里有被“收回”而整合的整体更有力量？

只有不被照到的才是阴影，如果打上一架无影灯，就没有阴影了。这个时候你看到的就是事物的全貌，那种清晰感、掌控全局感，会不会让你有发自内心的震撼？

当我们发现自己有难以解决的问题时，不妨停止焦虑，因为问题的存在不是为了被挑剔，而是用以探究到底发生了什么。一挑剔，问题就被压抑了。假如抱着探究的心态，心态放松，就能接纳那些不被接纳的黑暗。被接纳了，才有机会看清黑暗里到底有什么。

看清、理解了黑暗里的内容，你会恍然大悟：原来是这样啊，真的没有什么绝对难以接受的，真奇怪以前我为什么那么排斥这些。然后你会有打通了任督二脉的神清气爽之感，能量瞬间就提升了。

愿我们用勇气或者幽默感面对生活中不能接受的东西，把一个一个的问题超越过去。

别让强迫性重复吞噬你

我的来访者露露是一个不太容易感到快乐的人，也经常有很多纠结，她认为身边的人都不理解自己。

露露最纠结的就是亲密关系的问题。有一次她告诉我说，她明显感到老公不像以前那么爱她了，以前她无论大小事都依赖老公拿主意，老公也不厌其烦地替她拿主意，遇到不开心的事情也会宽慰她。即便半夜里饿了她想吃什么，老公都会起床去做；她所有的吐槽无论多么奇怪、难以理解，老公都仔细听着。可是不知从什么时候开始，老公就像变了一个样子，变得无视她的存在，对她很冷漠。

露露说："那天吃过晚饭，他就跑去书房玩游戏了，宝宝在奶奶那里，家里只有我们两个人，他不跟我说话，我也不知道自己该干什么。我就去主卧叠衣服，但我知道，我并不想叠衣服，我就是没事可做，这种感觉弄得我六神无主。我很生气，心里憋了一肚子火，特别想朝他发泄，可他理都不理我。为了躲避这种感觉，我提出去我妈那里住几天，他显得特别高兴，好像巴不得我赶紧走，晚上连打了三四个电话给他的亲戚和朋友，请他们送我去我妈那儿……”

我仔细听着。

假如我是在写一篇给女性“喝”的心灵鸡汤，那我会参照大多数鸡汤的写法告诉大家：作为女人，你一定要独立，不要那么依赖你身边的那个男人；你不要总是采取发火的形式告诉他你有多么需要他，你实话实说不好吗？你应该培养一些兴趣，它会让你减弱对人的需要，从而更专注于做自己。

可是，我为什么不能依赖男人，男人的存在不就是为了让女人去依赖吗？我为什么要实话实说我需要他，那样会显得我低声下气的。我知道培养兴趣很重要，但是问题没有解决啊！

鸡汤和道理是一样的，它们都告诉了你怎么做，却没有告诉你为什么这么做，不知道为什么这么做，就相当于做一件事情没有目标，走一段路没有目的地，不图点儿什么的事情，谁又有动力去做呢？

那么假如我说，我们在亲密关系中的自律、独立和对对方的尊重是为了不让我们继续陷入“强迫性重复”的轮回中去，进而拥有一段高质量的亲密关系，这算不算我们在生命旅程中的目标呢？为了达到这个目标，我们有没有动力改变一下自己呢？

对于强迫性重复这个词，稍微有点儿心理学常识的人想必都不陌生，它说的是一个孩子在经历了一件痛苦或快乐的事情之后，会在以后不自觉地反复制造同样的机会，以便再次体验同样的情感。比如小时候的关系模式是信任，那么他就会不断复制信任，从而赢得身边人的信任；再比如，如果小时候的关系模式是敌意，那么这个人就会不断复制敌意，也许本来某些人对他并没有敌意，但他的所作所为恰恰使得那些人对待他由友善转变成了敌意。换句话说就是“我怎么对待你，是你教会我的”。这与精神分析中的“投射性认同”殊途同归。

强迫性重复，重复的不是情绪、情感，而是关系模式。什么是关系模式呢？比如信任、温暖，或者敌意、冷漠，即小时候与父母之间的关系的主调是什么。

对于露露来说，她和父母的关系主调就是冷漠、隔离，家庭成员之间没有情感上的沟通，即便有沟涌，也是负面的评价和指责，极少有让人感到温暖的支持性情感。比如露露讲，她回妈妈家里，吃饭的时候妈妈说她："你多吃一口就能撑死，少吃一口就能饿死。"这句话不在于由哪几个字构成，而在于暗含了什么语气，这句话暗含的是妈妈对她的不屑，她由此感到的是自己的无价值感。

露露对她妈妈说，她想离婚。妈妈就告诉她："你看你现在这个样子，他不抛弃你就很不错了，你还想跟他离婚。"这句话暗含了妈妈认为女儿是很糟糕的，其实这也是露露对自己的感觉。

露露还说，姥姥去她家住的时候，她也碰巧回去了，而她爸爸正好出差不在家，家里只有三个女人。她感到她们三个女人的相处方式很奇怪，就是谁也不理谁，有事可做的时候就做自己的事情，没事可做时就独自坐着看电视、发呆。一日三餐妈妈倒是准备得很及时，做好了饭妈妈就喊大家吃饭，在饭桌上免不了说一些负能量的话，吃完饭大家就又回到了彼此冷漠的状态。露露觉得这样很压抑，就想提前回家，她说哪怕跟老公在家里吵架，也比待在这个冷冰冰的"冰窟"要好。走的时候她收拾好了东西，对妈妈说："我走了。"妈妈一直坐在沙发里看电视，连头都没有抬。她家离车站不到十分钟的路程，她从不记得妈妈对她说过“我送送你吧”这样的话。如果她去姑姑家，或她爸爸在家，他们至少会送她去车站的。

露露的原生家庭关系模式就是这样，没有互动的时候是冷漠、疏离，有互动的时候就是指责与埋怨。

爱源于和父母的关系。我们一般会对某类特定的人产生感觉，这类人身上隐藏着父母的心理特征，当他们在我们的生命中出现时，就给了我们修复创伤的机会。所以那句著名的话是很有道理的——没有无缘无故的爱，也没有无缘无故的恨。

露露对自己的婚姻万般不满意，她觉得她和老公结婚就是生命悲剧的开始。可是她害怕被老公抛弃。这说明什么呢？说明她老公身上有吸引她的地方，连她自己都很清楚这一点，用她的话说是这样：“他有什么啊？要钱没钱，要能力没能力，我跟他结婚还不是因为他可以听我啰唆，想不开的时候他可以安慰我，拿不定主意的时候他能替我拿主意，除了这些他还能干什么？可是现在他变了，变得无视我的存在，变得比我妈更冷酷，我要是告诉他，我想死，他就会说，那你去死好了；我要是说，我买的那件内衣不知道该不该去退，因为那上面有一块地方脏，他就会很不耐烦地说，退不退随你，我不管。我觉得我真要崩溃了，这日子还过个什么劲儿啊！”

其实，露露是在重复妈妈对待她的模式——指责、埋怨、不屑，她用这种模式对待老公，目的是把她和老公两个人置于她曾经熟悉的体验中——冷漠、疏离。因为妈妈和她之间是冷漠、疏离的，所以她需要老公对待她也是冷漠的，虽然这令她无比痛苦。这才是“强迫性重复”的真谛。

看到这里，不要着急反驳，因为强迫性重复，重复的是你曾有的体验，无论那是好的还是坏的。无论事情有多少可能性，我们仍然会按照无意识的做法把事情变成我们“需要”的样子，这让我们感到安全，或者说我们还没有学会以其他的体验去代替这种体验。在这种重复之中，我们被无意识所攫取、所淹没，而无法用一个更好的意图或愿望去代替那个糟糕的结果。

人的行为大都是由无意识决定的，我们说出的话、展露出的表情、下意识的动作，无不表明我们拥有怎样的无意识——是希望与人亲密无间，还是希望隔出自己孤独的空间，而它并不代表我们意识里的东西——我们确实希望与爱人亲密相处啊！

意识不重要，它不能真正改变我们的行为；无意识才重要，正是它的存在，才让我们陷入了万劫不复的深渊。

那又能怎么样呢？这就说明我们无可救药了吗？

不是这样的。看到无意识里的内容是第一步，然后把它提高到意识层面上来，只要你意识到了以前不曾意识到的，最佳答案或“怎么去改变”就已经在你心中了。

这个答案可能是这样：“我知道我的所作所为正是重复了我的原生家庭的模式，但这不是我真正想要的，我要打破这个魔咒，与爱人建立一种美好的亲密关系，在这种关系中，我们互相尊重、互相关爱，这样对孩子也是好的。但是在新建立的亲密关系中我可能会感觉不太舒服，这没关系，这不代表我不需要或不配得到美好的亲密关系，只能说明我对于这种新型的亲密关系还不是那么熟悉，就像开惯了老车，换辆新车手感就不那么自如，然而时间会给我最好的回馈。”

就是这样。

承认自己被“障目”，是一种能力

在一篇文章中看到这样一段话：“人到四十，家庭似乎是社会身份的必备部分，如果在这个年纪还单身就会有更多的恐慌。可惜生活并不会因为恐慌而变得容易一点儿。”

如果你看到这段话中的最后一句——“可惜生活并不会因为恐慌而变得容易一点儿”，你内心第一个蹦出来的反应或感受是什么？

是“生活不容易”，还是“恐慌无用”？

这两种反应没有对错之分，只是视角不同。就像到达某个地方有两条路可走，这个人选择走这条路，那个人选择走那条路。但是选择走不同的路，所看到的风景是不尽相同的。

第一个反应，重点在于“不易”——无论怎样，生活都是不易的。在这个认知中，我们直接感受到的就是沉重，而这份沉重是我们不能左右的。我们之于生活，就像蚍蜉之于大树，或者浮萍之于湍流，我们承认并相信自己的力量微不足道。

第二个反应，重点在于“无用”——恐慌不会给生活带来任何好处，因此它是无用的。既然无用，我们还要它做什么？如果只凭恐慌就会让天上掉馅饼，那么至少我们不会饿着，恐慌还算有它的价值；然而无数现实证明，掉馅饼是白日做梦，那么恐慌就只会成为我们的负担。“带着恐慌生活”和“不带恐慌生活”都不会让生活更容易一点儿，足够聪明的人会选择“不带恐慌生活”，因为，选择这点不是为了让生活改变什么，而是让自己可以轻松——反正怎样过都是过，不如轻松地过。

嗯，就是这样，对一句话、一个行为、一件事情理解的角度不同，会让我们产生不同的感受以及采取不同的应对方式，而这种应对方式中最核心的部分就是我们的性格。

有 个姑娘留言说，她特别恨她的妈妈，因为她的妈妈特别恨她。我问她何以得出这样的结论，她举了一个例子给我：小的时候我得病，本来就够难受的了，但她不但不安慰我，反倒说：“你干吗不多穿点衣服？感冒了看病不得花钱吗？”姑娘说："我难道还值不了看那场感冒的钱？她得有多恨我才能说出那样的话！"

我想起有段时间微信朋友圈里流行的一篇文章，大意是说"父母是无条件恨你的"，很多人转这篇文章。由此可见，感受到"父母的恨比爱多"的大有人在。从表面上看，这种恨是存在的，它来自代际间的传承，来自未被疗愈的创伤。但人这种动物又像自然界的其他动物一样，既然有繁衍的能力，在他们身上也就存在"爱的本能"，只不过这种本能会历经创伤而变形，使人不容易分辨它原本的面目，所以我们才会一叶障目。

承认自己被"障目"，是一种能力，这种能力是需要绕一下、绕过我们经常看到的那个地方、看到背后一些不一样的东西之后，才能发展出来的。但在此之前，需要心慢慢地走，慢慢变得强壮，这样我们才有力量支持自己在一段长路上"绕行"。

那么，心是怎么"绕行"的呢？这就像本文开头对"生活不会因恐慌而变得容易一点儿"这句话有两种截然不同的理解一样，一个是积极的理解，一个是消极的理解，选择怎样理解决定了一个人会活成什么样子，而对妈妈的措辞——"你干吗不多穿点衣服，感冒了看病不得花钱吗"，也有两种截然不同的理解：爱与恨。如果理解为恨（我都不如她的钱更重要），那么自然会恨妈妈，同时也恨自己；如果理解为爱（她最担心的还是我感冒这件事，只不过她的担心是以指责的形式来表现），那么也就不会把指责看得很重要，同时接受了妈妈和自己。

当然，这种感受的转变并不像我在这里写下这些字那么容易，它是一个过程，痛苦而漫长。当内心没有足够力量的时候，你一定倾向于把恨放在前头，并把一切使自己过得不好的原因都归结为外人和环境，你也许会感到背叛、疏离、抛弃、不被爱，你所有看待事物的角度也都是为了印证这些不好的感受。但当你走过那段痛苦的路，你又会自然而然地去捕捉那些不易察觉的爱与温暖，这一点都不难懂，因为人是靠“投射”来取得反馈的物种：人能看见所有肉眼可以看到的东西，唯独看不见自己，人只能从别人的眼睛里看到自己的存在，外人和环境都是自己的“镜子”，自己有什么，才能从“镜子”里看见什么。

从来不是这个世界有多糟糕，糟糕的是我们自己对自己的感觉；也不是没有人爱我们，是因为爱这种东西还没有从我们身上生长出来。

如何才能活得轻松、过得快乐，如何让自己满意而富足呢？那就是选择从正面看待事物，选择看到对自己有益的、支持性的、接纳性的因素，但这有一个前提，那就是要对自己宽容、接纳、有爱，没有这个前提，不会真正做到这一点。那又如何对自己宽容，对自己接纳，对自己爱护有加呢？答案只有一个：学会爱自己的妈妈，没有什么事情比这件事情更重要。

因为妈妈是你的源头，没有她就没有你，这并不是说你欠她的一辈子也还不清，而是说，她跟你有斩不断的联系，她是你最重要的人，她教你怎样和这个世界相处，她是你的内在。也许她并不深情，也很缺爱，但她养你至今已经尽了她的全力，你选择看到她的好还是不好？选择看到她的好，我希望你是由衷地而不是打着“百善孝为先”的幌子；如果你选择看到她的不好，我理解你的痛苦并且明白你还需要走上足够长的路，然后你才能明白：爱妈妈就是爱自己，爱妈妈的结果先是“便宜”了自己，其次才是“便宜”了妈妈。

爱妈妈并不是说你要和她亲密无间，你们两个一定要接受彼此不同的观点或信念。如果你认为爱妈妈就是你们会永远处于温馨、宁静、快乐的状态，这种理解未免太狭隘了一些。我的来访者露露跟我讲过一件事。她说她妈妈来她家串门，晚饭后她带着宝宝和妈妈一起去散步。走到一家超市门前的时候，宝宝看见了一台游戏机，很想去玩，可是露露妈妈说：“小孩子千万不能养成打游戏的习惯，不然长大了形成网瘾就不好办了。”露露特别反感妈妈这样说，就和妈妈辩论说：“什么样的人才会有网瘾啊？那是在家里得不到一点儿理解和温暖的人才会干的事，如果一个小孩儿有很好的成长环境，他才不会傻到天天去打游戏呢。”露露妈妈撇了撇嘴说：“这是什么话！他自己不听话，还怪家里环境不好？”露露说：“这不是我说的，这是专家说的。”露露妈妈表现出一副不屑一顾的样子，回她道：“什么专家啊，什么专家的话你都信！”露露在向我转述这件事的时候，非常无语，她说：“我妈就是这样，总认为她自己是对的，别人说什么话她从来听不进去，也不屑去听。我觉得我没法爱她。”

在这件事情中，我觉得这样理解可能更有益一些：爱妈妈并不是要让她按照你的理解去理解一切，就算她的观点是不正确的，可那是她坚守了一生的观点，不可能因为你一两句话就改变了她的看法；你越是试图控制妈妈的想法，就越会被妈妈的想法所控制——想想你的愤怒是不是因为妈妈固守她的观点而不被你同化所引起的？在这个过程中你感觉自己很无能，不能说服妈妈，你的愤怒其实是对自己无能的愤怒，只不过它换了一种外衣，让你以为是妈妈不接纳你的观点所致。

爱妈妈，就不要去改变妈妈；当你尊重了妈妈，你也会被妈妈所尊重。这个时候，接纳就没有那么重要了，爱妈妈也不是必须建立在她接纳、理解你的基础上，她可以有她的坚持和价值观，但这不代表你就要向她的坚持和价值观靠拢，她说她的，你做你的，这不是很好吗？

越控制，越会被控制；当你放手，你也就获得了自由。通过爱妈妈，你会知道如何去爱更多的人。

不企图控制，才能更好地去爱

有个读者问我："我的父母对我各种控制、指责，好像我做什么他们都不满意，我说给他们约一个咨询师去做咨询，被他们骂作'不孝'，跟他们在一起我每天都很压抑，我不知道这么生活下去有什么意思——让我感觉有兴趣的就是去学习心理学，你能告诉我，我怎样才能走上这条路吗？"

我问他学习心理学的初衷是什么，如果他认为自己有什么问题，完全可以通过找个合适的咨询师来解决，而不是一定要事必躬亲花费几年的时间和许多钱去学这个专业。但他却告诉我说，他本人没有什么问题，有问题的是他的父母，因为父母不理解他，还经常打击他，他必须系统地去学心理学理论，才能用这些理论去和父母互动，从而从根本上改变父母对待他的态度。

可能有不少人都会像这位读者一样，以为有了心理学的知识就能把自己“武装”成一个专家，可以劝服、教育别人，以使别人意识到自己是多么的错误，然后痛改前非。

这本身就是个很“控制”的想法，这样的想法与心理学的核心要义是南辕北辙的。

在所有的人际关系中，每个人与父母的关系都最难处理，因为父母是关系的源头。学会如何与父母相处，会对各方面的关系有促进作用。

然而父母却不是用来改变的，也不是改变了他们的认知，与他们的关系就能变好。父母是用来承认和尊重的。这一点的重要性不在于它符合中国传统文化，而在于，它是一个人毕生的功课，通过它，人的境界和成熟度就和以往不同了。

的确有很多人在恨父母，有的人不敢说，怕影响自己在外人眼中的形象；有的人则意识不到。爱与恨都是在关系中产生的，没有关系的陌生人谈不上爱与恨。我特别喜欢把爱恨这种情感的东西比喻成橡皮筋，当橡皮筋没有受到任何拉力的情况下，它是完全放松的、自由的、归零的；当它开始遭受拉力，就必定是两个方向的拉力，一个方向是控制、不公平、虐待，另一个相反方向的拉力就是恨。恨的程度取决于控制、不公平或虐待的程度。

我曾经以为，只要遭受到控制、不公平对待或虐待，就必然会导致恨。但后来知道不是这样的，恨产生与否，一定要通过人格的中介作用，就是说一个人格渐趋完善的人，会把恨转换、消化掉；而一个不太成熟的人，他的恨会持续很久。

但是人格这个中介是如何起作用的？我觉得有三点，第一点是幼小的儿童必须借由一种关系与父母保持“忠诚”的连接，如果爱不可能，就只能用恨。这点很好理解：小孩离开父母不能生存，对他们来说，没有关系是最可怕的，恨也是关系，恨好过漠然。

第二点是，对于成人来讲，能不能替自己负责，决定了把恨的矛头指向父母，还是回归自己做一个独立的人。这个意思是说，当不能替自己负责的时候，自己和父母就是一体的，而恨则充当了“通往父母的桥梁”；相反，如果意识到自己和父母是独立的个人，充当桥梁的就不必是恨，而是理解或同理心，恨也自然就没有了。

这两点原因应该算同一个，之所以分成两点，是考虑到不同年龄段的需求。但是很可惜，心理年龄依然是小孩儿的成人大有人在。

有个姑娘给我留言说，她埋怨母亲没有逼着她去读博。她考研的时候本来不想去，但母亲很强势，说不读研找不到好工作，她虽不情愿也照样去考了。硕士毕业后她去大学当老师，发现自己的待遇和眼界都和博士毕业的人差了一大截，于是她就对母亲特别有怨气——既然我的一生都被你规划了，你为什么就不能规划得再好一点！

我回复她说：你现在就可以去读博啊，没有人拦着你，30岁的人生才刚刚开始，好吗？

可这位姑娘有N多理由说自己读不了博，要生孩子啦、老公挣钱太少啦、精力不够啦等等。

其实说白了，不再继续读博是她自己的选择，但她没有意识到这一点，她习惯把自己放在被逼迫、被控制的位置，从而让别人为她“不得已”的选择负责任。但既然是选择，就是自由的，哪有“不得已”之说！所有的“不得已”都有两个着眼点，一个是外界（父母），一个是自己，着眼于哪个点，决定了自己成为习惯于依赖的人还是独立的人。而有依赖就免不了会有控制，怨恨就容易产生。

曾有这样一个案例。有一天晚上我从咨询室回家，为了让路程稍短一点，我选择骑自行车从二环路的便道上逆行。我一边骑车，一边考虑着刚做完的一个个案，也许是路灯不太亮，也许是心思没有在骑车上，对面过来另一个骑自行车的人，离得很近了我才发现，如果我反应再晚一秒就撞上了，吓得我尖叫了一声。对面的人说："没吓着你吧？我以为你能看见我。"我心想我的自行车前有车灯你看不见吗？路那么宽非得往一块儿挤着走吗？但是平静下来，我忽然意识到，我是逆行的，即便车上有车灯可以当作信号，也不如顺行更安全啊。有了这次经历，我就知道了，下回走夜路绝对不能逆行。因为逆行的时候，不仅自己要当心，也要看对面来的人是不是当心，别人是不是当心自己说了不算，顺行才是自己说了算的。

这虽是一件小事，我却深刻体会到，把着眼点放在别人身上还是放在自己身上，获得的情绪截然不同。如果放在别人身上，就会有指责和愤怒，不会有建设性的结果；如果放在自己身上，马上就有了吃一堑、长一智的觉悟。

第三点，你有没有想过改变父母，让他们按照你所认为正确的方式生活或对待你？假如你有这个想法，你肯定是恨他们的，因为他们就是那个样子，不会依据谁的意愿去改变，除非他们自己想改变。（但你有没有做好准备去改变自己的某些方面呢？如果你自己都不能改变，你凭什么要求别人改变？）当你的期望遇上他们的顽固，你的愤怒可想而知。

许多具有相反性质的词语都是同时出现的，比如控制和被控制。当你企图去控制别人的时候，你就免不了会受到别人的控制，来自他人的控制会让你感觉到受挫，受挫会产生愤怒。那些经常因受控而愤怒的人，应该开动全身马力仔细想想你有没有尽情挥洒自己的控制欲望。

比如，你带父母去吃饭，他们一辈子节省惯了，一边享受你花钱买单的佳肴，一边打击你太不会过日子了，甚至说有些菜都不如他们自己做出来的好吃。对此你当然很愤怒，你的愤怒来自，你期待他们认可你“带他们去吃饭”这个行为（不必夸奖，但至少不要挑三拣四），当这件事的结果与你的期待不相符时，你的“控制”失败，你又反过来受到他们的“控制”——他们打击你、嫌你浪费，说你买的菜还不如自己做得好吃，目的只有一个，把你“控制”成他们希望的样子：节俭、绝不外出吃饭。

人的许多愤怒都来自控制别人而不得。控制就是说，你希望别人怎么对待、回应你，而别人恰恰就是这么做的。这样你觉得可能么？

与人相处的最好方式，莫过于放弃所有期待，对方是什么样子，就承认他是什么样子好了。这种“承认”有个更贴切的说法，就叫“尊重”。尊重别人的好处就在于，自己可以得到自由。因为对于一个不企图控制别人的人来说，也就没有任何人可以控制他。

我想起有一年的八月十五，我给我妈打电话，我妈像往常一样诉说了几件不如意的事，但她的不如意并不是身边人对她怎么不好，而是“她认为”别人对她不好。我耐心地听。要按几年前的习惯，我一定会打断她，告诉她怎么不对，或者她应该怎么去想，这样一来，我们一定会不欢而散，因为没有一个人喜欢听到评论或指导性的反馈，诉说只是为了说而说，有人听就足够了。四十多分钟以后，我妈觉得该说的都说得差不多了，转头问了我一句：“今天是十五呐，你给孩子们包水饺了吗？”我一听水饺，头都大了，我说：“我不会包，包不好。”我妈说：“知道你懒，不会包就去买点啊，想吃啥就去买，别管过不过节。”

我听懂了她的意思，她认为吃很重要，所以就认为吃对我也是最重要的，她在“最重要的”这一方面表达了关心，那我就自动认为，这是她所能表达的最好的关爱。我接受了，并且是很愉快地接受。

这让我觉得，不企图控制、改变别人的时候，就有更多的机会体验到爱与温暖。

越害怕，越做不到

有个读者问了我一个问题：

我高中毕业，单身，智商低、情商低，没有一技之长，也没有存款。不知道自己要干吗、能干吗，可是现在很多工作都起码要求大专学历。我想学中医药膳，但查了资料，就算学出来，没有本科文凭一切都白搭。真的想好好学一样东西让我的工作和收入稳定一点，可是却有无能为力的感觉。什么都不会，感觉被社会淘汰了，也被自己淘汰了，可想想又不甘心。我该怎么办？

我当时是这样回复她的：

我觉得你既然能问出这个问题，就不是智商低或情商低的表现。与其说你迷茫，不如说你怕付出了却得不到自己想要的，我不知道是什么阻碍了你去追求自己想要的东西。

在普通人看来，想要却害怕付出，活该你得不到想要的。因为大家的想法都是一分付出一分收获，老天不会亏待任何一个用心、努力的人，这是多么明白的道理。其实这话没错，但这仍然是站在意识层面上去考虑问题，因为对某些人来说，他并不是怕吃苦、受累才不去付出，而是被某种不确定性所折磨——万一付出和收获不成正比，岂不是亏大发了？

“想努力，却担心得不到想要的结果”，这句话的重点不在于“努力”，而在于“得不到”，相对于努力来说，“得不到”这个结果是问问题的人承担不了的，因为这意味着自己很笨、很糟糕，在成长过程中，这种体验被一次又一次重复，以致形成创伤，深埋在个人无意识中。这是一种信念，当然是负性的信念。

既然相信自己得不到好结果，为什么还要去努力？难道努力只为了证明自己很糟糕？傻子才会这么做！

可是我真的对中医药膳这个专业很感兴趣，我很想努力一把证明自己是可以的，然而、然而……然而，这是一个冲突。

在这个冲突中，我看到了问问题的人一方面有自己很想去做的事情，另一方面她又给自己下了“紧箍咒”，告诉自己：“你不行的，你很笨。”

想想是挺悲哀的。

试想一下，当你看一部很有趣的电影，你有没有认为自己不行，以致看不完，从而干脆放弃了看电影？当你口渴了，你想要拿杯子接水喝，你会认为自己不行、喝不到水，从而放弃接水的“努力”？

你可能会说，看电影想看就看，不想看就不看，“看”多简单，还用焦虑吗？喝水也是日常生活中的基本能力，3岁小孩儿都会自己喝水，还用焦虑吗？

问题就出在你相信看电影和喝水是再简单不过的事情，正常的人都会完成。这也是信念啊，只不过是有关基本能力的信念，所以你才能很好地完成这些基本能力。而本科文凭的获得相较于这些基本能力来说，可能要复杂一点，可是，这不是因为“复杂”而得不到，而是因为“不相信”才得不到。

如果问问题的人是我的来访者，我一定非常有兴趣地问他：“在你的成长经历中，有什么事情让你对自己感到很满意？”他可能会回答：“我在游泳比赛中取得过什么成绩，我弹钢琴很早就考过了八级，我写作的功底很棒，我画油画很厉害……”“那么，做这些事情的时候有没有焦虑，觉得自己达不到什么样的目标？”对方只能回答：有焦虑，或者没有焦虑。有焦虑又分成不同的情况：焦虑多一点，还是焦虑少一点。但无论焦虑多少，对方都有可能去试一试，因为她有过成功的经验。

当一个人相信自己做什么事情没有困难的时候，他不会担心“得不到想要的结果”，因为做事就是“做”的过程本身。

如果还没有做，就开始担心“得不到想要的结果”，那只是他在暗示自己：我行吗？我不行吧？

“我不行吧”，这个念头表面上源于自己，其实是源于一个“被内化”了的声音。这个内化的声音并不是自己的，而是身边某个重要的人做出的一些举动、传递的某些情绪、展露的某些表情让他有了这样的想法，他带着这样的想法去做点什么，结果未能达到身边那个重要的人所要求的标准，于是又被反证“我说你不行吧”，一次又一次如此反复，以致他形成了固执的认知：我就是不行的。

如果一个人本来可以将某件事做得很好，就像看电影喝水一样自然，却由于没有达到某个重要之人的标准而反复被贴上“你不能做好”的标签，这个过程真是蛮让人悲伤的。

这个重要之人有可能是母亲、父亲、外公外婆、祖父母，总之是把你养大、跟你有长期接触的人，更为悲剧的是全家人都有同一个思维模式：你达不到我们要求的标准，就是你没有能力，你不行。

这就是所谓的“说你行，你就行，不行也行；说你不行，你就不行，行也不行”。

很多时候打败我们的不是能力，而是我们“确信自己不行”这样一个信念。但这个信念不是我们与生俱来的，是我们被“教”会的。

当遇到一件非常想去完成的事情，我们想到的不是“做做看”“做到什么程度就算什么程度”，我们不能自然地开始，就像有兴趣看一场电影，渴了想要喝水那样，我们会首先下一个断言：我不能完成！可是又特别想完成，这种“想却不能”的冲突立即就把我们拉入了焦虑中，没有什么比待在一个熟悉的情境中更能让我们感觉安全的了。

说到这里我想到发生在我身上的一件事情。我的两个女儿都是我独自一个人带大的，带大宝的时候我没有经验，在她2岁左右语言能力突飞猛进的时候，我崩溃的发现她是个结巴。结巴到什么程度呢？说每个字，她都会拉长音调、挤着眼睛、脸憋得通红，才能断断续续地说下去。我吓坏了，因为我们家是有遗传性结巴的，我有一个叔叔是结巴，一个堂弟是结巴，我弟弟也有点说话不利索。我们小的时候都是和舅舅阿姨以及外公外婆住在一个大院子里，我弟弟刚学说话的时候有结巴的倾向，舅舅阿姨们就逗他，学他说话，有时候让他去传个信儿，人家一见他说话那么费劲，直接打断他并告诉他“别说了”，我不知道当时他幼小的心灵承受着怎样的重压。所以当大宝2岁多，出现了我弟弟小时的状况时，虽然我还没有多少心理学理论，但直觉告诉我，绝不能像亲戚们对待我弟弟一样对待大宝，因为嘲笑、学她说话或打断她说话无疑会强化她的语言障碍。

我记得曾经看过一项调查，说有98%是假性结巴，只有2%是病理性的结巴，结巴往往发生在初学说话的阶段。后来我就本着一条原则带大宝：她说什么，我仔细听，绝不打断，等她说完再完整清晰地重复一下她说过的话，以便让她有个参考的标准，告诉她这句话是这么说的，而不会当时就重复或纠正她说不出来的话。然后，也就过去了不到半年，大宝再也不结巴了，直到现在，我几乎忘记了她曾经结巴过。

假如当大宝结巴的时候，我急切地纠正她；假如当她在短时间内达不到我所希望的标准，我忍不住骂她笨；假如我不能分清“大宝是个结巴”的恐惧来自我自己，从而迁怒于大宝，那么大宝有可能成为一个真正的结巴。每个结巴的孩子内心都有一份言说不尽的自卑，都经历着他想与世界自由相处却又拼命不自觉地证明“我就是不能流利说话”的冲突。

“你太笨了，话也不会说”，这种隐蔽的声音来自环境的反馈，在这样的环境中会忘记自己原本可以好好说话。

“你脑子转得太慢，我是不指望你能取得什么好成绩了”，这样的回应使我忽视了我原本有做学霸的潜质。

“你太老实、太迟钝，这件事情你肯定做不好”，这样的回应使我放弃了为喜欢的事情努力一把的愿望。

想努力却担心得不到想要的结果，到底是为什么呢？你一定很清楚了。

努力很简单，去做就是了，做起来也是个很自然的过程，结果本身就是这个自然过程的外显。阻止我们去努力的，恰恰是外界丢过来的那些曾被我们认为是“真理”的“坏信念”。

那么如何打破这个“坏信念”呢？我觉得首先要相信自己可以做到，就像相信自己饿了可以吃饭、渴了可以喝水、累了可以伸个懒腰一样，然后尽力去做。这比什么都重要。

其次，制订适当的策略以训练自己的专注能力，比如：规定自己在多长时间之内只干一件事，其他的什么也不想；如果发现自己被不相干的事情吸引了注意力，要及时拉回来；可以详细列出所有的步骤，循序渐进；完成之后可以及时奖励自己，以强化、巩固自己的好习惯。久而久之，你会发现让自己专注于什么，暂时放弃什么，并不会那么困难，而你想要的结果就藏在其中。

最后，有必要暂时远离那些经常使你遭受打击的环境：唠叨、不看好你的父母，爱取笑人的亲戚，冷嘲热讽的室友或朋友，不会好好说话的爱人。

你不好，是因为没有情感的“流动”

有一次逛商场，我在玩具区看见一个姐姐和一个弟弟在玩玉米粒。玉米粒就放在两人手边的纸盒里，但弟弟偏要自己从盒子里一个个将玉米粒拿出来，再一个个递给姐姐。姐姐就火了，对弟弟说：“你干吗那么费劲？要你递给我还不如我自己拿省事呢！”弟弟接下去就没再吱声，但表情很懵，因为他不知道发生了什么，不知道为什么姐姐前一秒还和颜悦色，下一秒就发了那么大的火儿。

也就是在那一瞬间，我体会到一个道理，那就是，人活在世上最大的成就不是你可以挣多少钱，拥有多高的社会地位，而是能够搞好亲密关系，这也可以说是一项终生成就。

弟弟和姐姐只是在玩儿玉米粒吗？不，弟弟需要借玉米粒和姐姐产生情感的互动，玉米粒只是情感的载体。不只是姐姐，弟弟也需要和父母有这种情感的互动，小孩子都需要和身边最亲近的人有这种情感的互动。孩子越是小，就越需要别人对他抱有情感，因为他自己不能生存，只能依靠别人在物质和精神方面的双重喂养才能存活。

当弟弟把玉米粒一颗颗递给姐姐的时候，看似费力不讨好，可是他的情感都"粘"在了玉米粒上，假如姐姐不厌其烦地一一接过，那么他的情感就有了"落脚地"，同时姐姐的温柔以待也被他收到了，那么情感的互动或流通就算实现了。小孩子的需求就是这么简单，对他来说，物质不重要，情感才重要。有了情感，即便玩再简陋的玩具，比如一个瓶盖、一根吃完的棒棒糖棍，都可以无限美好。但也正是这么简单的需求，对他身边的人来说却很难做到。姐姐承受不了弟弟递过来的"麻烦"，不理解他的目的何在，只能认为他没事找事，所以用"吼"来制止他，这样情感的传递就断了。

其实，姐姐也不过才10岁左右的样子，她本身也是个孩子，她并不是故意那么粗暴地对待弟弟，很大的可能是她父母之间或者她父母和她与弟弟之间也是这么互动的——做一件事情只为做完，其中家人的合作、建议、支持等都不重要。

做完一件事情固然重要，可是我们做的不是事情，而是情感。如果没有情感在里边起到黏合剂的作用，做这件事就会特没意义。即便这件事情完成，也不会觉得有什么意义。

人们都说“做事不在于结果，而在于过程”，很长时间以来我都把它当成一个外在的道理，我只知道这句话也许是正确的，但我并不知道它为什么正确，因为我没有相应的体验可以支持这个论点。现在我知道了，“做事不在于结果，而在于过程”这个说法虽然正确，但不太精确，因为这里面绕了几个弯儿，精确的说法应该是这样的：当一个孩子有了足够多的情感流通，这当然是外界带给他的，他会把他与外界的关系内化为自己与自己的关系，他会接纳自己、鼓励自己、不苛责自己，无论做出什么样的判断和行为，他都不会嘲笑、打压自己。那么在这个过程当中，哪怕他是独自去做一件事情，他也会乐在其中。这才是“做事不在于结果，而在于过程”的精确诠释。当他可以处理好自己与自己的关系，与团队或他人合作起来一起完成某件事，也就不那么困难。

有朋友给我转发了一篇有关男人不做家务的文章，里面提到女人们最难以忍受的家庭琐事是这样的：

老公上厕所永远不掀马桶圈，马桶圈上一圈尿渍，无名火生起……

吃完饭，碗筷还没有收拾就直接坐到沙发上打游戏。你不收拾，那还不是我来收拾？不然碗能把自己洗了？桌子能把自己擦了？

脏衣服都堆成山了也不洗。

随时随地乱扔袜子，说多少次都没用。

我做家务的时候他在旁边无动于衷，绕过地上的玩具也不弯腰捡一下。

我刚做完家务，干干净净的，他就马上"搞破坏"，吃饼干、把香蕉皮往垃圾筒里空中投篮，扔到地上也不管。

让他晒衣服，半天不动，喊一下动一下。

……

然后作者说，影响夫妻关系的因素，一是忠诚，二是性，三是家务分配。男人做家务在婚姻中的重要性仅次于性生活。当男人像大爷似的碗不洗、脏衣服不碰，所有事情都甩给老婆，这是男人没有道德、没有爱的表现。并且做家务是需要男人和老婆一起做的，而不是男人帮老婆做家务，因为"帮"是不对的，一说"帮"就代表默认了家务理所应当就该老婆做，凭什么？

想必许多人看得很痛快，因为现实生活中确实有太多男人都是这么生活的，喊一喊动一动，有时喊着都不动，看着都冒火。作为女主人，只觉得有两条路可以选：要么离婚，要么吵架。

给我转发这篇文章的朋友，在微信上气哼哼地告诉我说，她老公就是文中提到的那个“熊样子”，还说她也发给她老公看了，好让他好好反省。但后来她又后悔了，我还以为她担心自己的做法会刺激到那个男人，然而她说：“那篇文章其实是一篇软广，是为了介绍一款洗碗机的，我担心老公看到最后灵机一动把那台洗碗机买回来，这比不做家务更让我崩溃。”看到这里我笑了，但笑到最后我内心升起的又是一种悲凉。我非常理解朋友的心理转换，好似一种黑色幽默，她本来想让那个男人知道她有多么孤独，想要的理解和支持得不到，反倒得到一个“没用”的物件——洗碗机，好像这样就能抚平她的愤怒、填满她的匮乏，完了那男人也许还会来上一句：“你看我对你多好！”

就好比，我说我的腿磕破了、流血了，你说“没事，我这儿也流着血呢”。这也许是最孤独、最悲凉的体验吧，因为这中间没有互动，他没有关注你，我向你要A，你给了我B，还告诉我说：“你应该领我的情。”

如果是一篇鸡汤，写到这里大概可以收尾了。我们一起声讨婚姻里那个不负责任的男人，一起愤怒，一起诉苦说“当初瞎了眼才会嫁给他”，可是，然后呢？然后我们就能过上幸福生活了吗？

可能你会说：“我没想那么长远，我只想让他意识到自己的错误。”给我转发文章的那个朋友就是这么回答的。然而婚姻中的那个男人不会意识到他的错误，因为他并不认为他是错的，他还会认为是你不对，你太吹毛求疵、没事找事、太控制、太喜欢埋怨，总之一句话，他没有不对，错的是你。

为什么错的是你？在男人看来，他觉得自己不喜欢干家务，又有谁喜欢干呢？你喜欢干你去干就好了，你不喜欢干就别干啊，我又没勉强你。家务活总要有人干，我从没有想过这一点，我又不嫌乱，对我来说家里乱着也要比受人指责好得多。他们还会认为，反正有人主外有人主内嘛，各自分工明确，有什么好不平衡的？

公说公有理，婆说婆有理，谁都觉得自己是委屈的那一方。清官难断家务事。

为什么家务事难断，是因为家务事里面没有对错，只有情感是不是被满足过，情感是不是毫无障碍地在彼此之间流通过。

我也是女人，我承认女人在婚姻中承担了太多，但我一样承认，这并不是认为对方错了的理由，我们对对方的态度确实需要改一下，因为态度就是一切。

态度是什么呢？你可以说尊重是态度，不屑、蔑视也是态度，“态度”在百度上是这样定义的：个体对待特定对象所持有的稳定的心理倾向，这种心理倾向蕴含着个体的主观评价和由此产生的行为倾向。“态度”一词暗含的意思是“你操纵对方如何回应你”。

比如，面对一大堆没做的家务，你说“我都这么忙了你没有看到吗”，或者“你干点活能死啊”，或者“有你那么干活的吗”。其实你想表达的是“我很累，我需要你的帮助”，但在对方听来，你是在说他错了。你说他错了不要紧，要紧的是，你发出了一个情感的信号，但这个信号是错的，你因此不能收到对的回应。或者说，你预先设置了他不会正确回应你，所以你才用了错误的信号，因此“得到错误的回应”正是你所期望的。

假如你对他说：“你把地擦一下行吗？我还有别的事要做。”“把你所有的脏袜子收拾在一起我要去洗了。”“你去洗也行，我教你怎么洗。”你猜他会怎么做？我知道你可能会说：“说了不顶用，说了他也不会去干的，白说。”白不白说，不在于语言，而在于心态。当你的心态没有切换到“我知道他会按我说的去做，他没有理由不听啊”这个频道，无论你的语言多么动听，他都会感觉到你的“假”，他会按你无意识里的意愿去行事，而不会按照你说出来的语言去行事。这其实也是“投射性认同”，你投射，他认同。你投射的是你内心里没有上升到意识层面的内容，他认同的也是你没有说出的东西。所谓“人的行为是由无意识决定的”，此话一点都不假。

然而无法搞好亲密关系的人，他们内心里无意识的语言是什么呢？是这样：“我相信我是孤独的，我相信我无法得到好的回应，我已经习惯了待在情感封闭的空间，如果有人充满爱地回应我，我会不适应。”

这与本文开头的故事如出一辙，弟弟把玉米粒一个一个递给姐姐，他期待姐姐耐心地接受，以让他无意间完成情感传递的过程。可是姐姐并没有接受，反而吼了他，我相信再遇到类似的事情他还是会得到同样的对待，如此反复，他会知道“我只有把自己封闭起来才是安全的”，他也不会相信有人和姐姐不一样，有人会无条件地接受他。所以他的情感传递被隔断了，没有形成良好的循环，因此他也是孤独的，他没有办法从别人身上获得他真正想要的。

男人不干家务只是假象，真相是他不会干，或者你把他置于一个远离你的境地。不会干好办，教啊，只要"学生"不是白痴，就没有教不好的。因此婚姻中的女人只要深谙亲密关系的原理，把男人"教"成一个知冷知热的后盾型人物，我们就可以安享这段亲密关系了，连我们自己都可能因此变得勇敢而积极，这难道不是生活的全部意义吗？从这个意义上说，女人主内的价值并不比女人主外从而获得几十万上百万年薪要低。

比起离婚和吵架，我们还是更能从修炼自己中获益，不是吗？

不要去承担别人的期望

大宝5岁的时候，我给她买了一架钢琴，并在一家乐器学校为她找了学校里最好的钢琴老师。每周日下午我都会不辞辛苦地带她去上课。老师说她学得很好。但是放学回家她从不主动练琴，钢琴对于她来说，就像学一门不得不学的文化课一样，她能跟得上进度完全是因为智力的因素，而不是兴趣使然。

我有个大学同学，她女儿也是从5岁开始学钢琴，每天她下班以后的主要事情就是盯着女儿练琴，有时孩子实在不想练，她就各种威逼利诱，甚至不惜巴掌伺候。我替这个孩子感到难过，也为这个妈妈感到可悲。

由于我在生小宝期间没法再陪大宝练琴，而他爸爸也是三天两头出差，大宝自然就先停了钢琴课。过了一年朋友介绍了一位可以来家里教钢琴的老师，技术不错，收费不高，而且每周日老师都要辗转两趟公交车才能来到我家，但让我汗颜的是，大宝几乎每次在老师来之前都会哼哼唧唧说她再也不想摸琴了。我很生气，想骂她一顿，她不知道我每天为了她能练琴需要付出多少精力，每次我得把小宝带出去玩才能让家里清静，可是大宝练琴又需要有人陪着，总之这事搞得我筋疲力尽。如今她又说再也不摸琴了，一方面觉得我的努力都白费了，另一方面我又想起大学同学和她女儿之间的事情，我忽然觉得我的做法和同学的做法本质上没什么不同：都是一种逼迫，完了还觉得自己很委屈。

我只好停了大宝的钢琴课，这让她很高兴。事后我开始反思，发现学琴这件事本是出自我自己未完成的心愿，而没有真正考虑到大宝有没有这方面的意愿和天赋。她讨厌学琴，不代表她讨厌画画、讨厌看小说，人总会有不同的爱好，我又有什么权利把自己的爱好当作孩子的爱好呢？

如果我想成为一个钢琴熟手，那就自己从零基础开始学，满足自己未完成的愿望是每个人应有的权利，当我因为兴趣和热爱而真心去做一件事，孩子会耳濡目染，自然也会或多或少产生兴趣，相比于逼迫和说教，我觉得这才是对孩子最好的教育和爱。

不要让别人完成你的愿望，那是属于你自己的东西。同样，也不要寄希望于别人可以接下你的恐惧和痛苦，如果别人接下了，你的控制就实现了，对被动接受的那个人来说真的很不公平，因为他成了你的“替罪羊”，从而失去了做自己的自由。这也说明你没有能力实现自己的愿望，也没有勇气承担自己的恐惧和痛苦。你自己都搞不定的东西，别人凭什么替你搞定呢？

这让我想起了露露。假如有人说你“很古怪”“很奇葩”“你怎么想那么多”，你很可能一笑了之——你说我古怪、奇葩、念头太多，好啊，我就是这样，这又怎么了？但如果露露听到有人这么评价她，她就会特别害怕，害怕自己真如人家评论的那样，那样的话她就和大多数人不一样，就更不值得被人爱了。这个“害怕”是怎么形成的呢？

露露说，小的时候她和妈妈一起坐船，船晃晃悠悠地漂在水面上，她觉得害怕，就问妈妈说：“船会不会沉下去呀？”妈妈马上严厉地制止她：“不要乱讲话，瞎说什么呀？”还有一次，她在卫生间里发现了一只蟑螂，就用扫帚簸箕把蟑螂扔到了马桶里，又用热水冲了马桶。做完这些，她仍觉得不放心，心想着是不是该用刚烧开的开水再去烫一下马桶。她跟妈妈说这件事时正是午餐时间，妈妈马上皱起眉头说："吃饭呢，说这些多恶心。"露露马上就觉得心情不好了，饭也不想吃了。

露露说，这样的事情有很多很多，妈妈总是禁止她说这个、做那个，也不允许她问为什么。因为妈妈本身就讨厌胡思乱想，讨厌说不该说的话，做不该做的事，那么什么是不该说的话和不该做的事呢？没有唯一的标准，只是露露的妈妈自己觉得不该说就是不该说，不能做就是不能做。在妈妈的影响下，露露的内心也有了妈妈的"害怕"，她明明觉得一件事情没有什么，却仍然很担心别人评价她多事，比如买了一条新内裤，上面有一小块黑，理智告诉她退掉或换一件这事就算完了，但实际情况却是，她陷入了纠结中，总是不停地问老公她到底该不该去换，还担心店主态度不好，说她事多，不给她换……总之，在那一刻，她的心被各种"害怕"的念头给打乱了。

直到有一天，露露做了一个梦，醒来那一刻她马上明白了自己的问题所在：她的"害怕"不是自己的，而是妈妈"扔"给她的，这会让她在各种"害怕"中畏首畏尾。

你瞧，如果一个人的自我意识不是那么高，他就会把各种担心、害怕和恐惧传给最亲密的人，使那个亲密的人在生活中背负各种条条框框而不得自由。这绝对不是爱的表现。

那么爱是什么呢？给对方想要的，这是爱的表现；理解对方、支持对方、温暖对方，这也是爱的表现。但我们不能过度苛责自己，明明我们自己都没有得到过那么多的爱，我们又如何能给出那么多爱呢？毕竟水满才能溢。如果你好不容易才积累了一罐雨水，也许天晴了没几天就蒸发干了，更别提用那罐水去浇灌。但如果你是小溪汇成的江河，你一定会非常慷慨地让人们随便取用而不觉得自己有所损失。

但是没有那么多爱的人就不能去爱别人了吗？不是的。如果能学会不限制、不控制，这也是爱的表现和能力。

爱有三个层次，最高层次的爱是无条件的爱——无论怎样都爱对方。其次是不控制的爱——虽然不能给对方太多，但不会把自己应该承担的东西甩给对方，自己会替自己负责。再次是“负爱”——对方一定要为自己负责，对方得承受自己不能承受的。其实，这已经不是爱了，而是索取。

如果一个人喜欢控制但是很脆弱，没有办法为自己负责，亦没有能力完成自己未完成的事，会发生什么呢？最悲惨的答案莫过于小说《无声告白》里的大女儿莉迪亚自杀的结局。

为什么努力实现别人的期望是对自己最大的伤害？因为生

命的最大动力和潜能，无一不是来自自由——自由地选择自己想走的路、想做的事、想达成的目标，从而自由地做自己。

自由是硬币的其中一面，另一面就是负责，两者缺一不可。当一个人被控制得特别多，他是没有能力为自己负责的，或者说他需要经过漫长而痛苦的成长才可以学会替自己负责。

而对于喜欢控制、喜欢让别人替自己承担的人来说，如果把注意力收回自己身上，倾听自己内心的声音，也就没有兴趣找别人来做替罪羊了。这大概是人们爱自己也爱别人最好的途径。

接受自己的不完美，才完美

我和小宝睡觉之前，雷打不动的事情就是讲故事。最近讲了这样一个故事，有一个小羊长着两只不一样颜色的耳朵，一只粉色，一只柠檬黄色，而其他的小羊都是粉色耳朵。这只小羊就对自己那只和别的羊不一样的耳朵耿耿于怀，因为大家经常开它的玩笑，喊它“奶酪耳”“星星耳”“柠檬耳”。这种难堪致使它把所有不愉快的事情都归结到那只耳朵上去：饿的时候发现嫩草已经被别的羊吃光了，渴的时候发现水洼里的水已经被小猪喝光了，甚至找个合适睡觉的地方，都已被别的羊捷足先登，而这些烦恼都是因为那只讨厌的黄色耳朵造成的啊！

每次读到这些内容，都让我忍俊不禁。这是给小孩子看的绘本，但我常想，很多成年人，都在不知不觉地做着跟那只小羊相类似的事情：

比如有的求助者，她的恋爱谈得不顺利，她会觉得这都是因为她父母是离异的，而一个男孩儿跟她发展一段恋爱关系首先考虑的就是她的家庭环境。

还有的求助者认为自己的生活过得一塌糊涂，就是因为她嫁了一个不好的人家，没钱没地位，婆婆还有些不能明说的隐疾。

还有一个生了二胎的读者，认为自己完全不应该生二胎，因为这是家人要求的，而她精力不够，只能严重忽视大孩子，但忽视了大孩子她又内疚自责得掉眼泪，所以她认定，她的一生都被生二胎这件事给毁掉了。

你瞧，我们都是先找出一个令我们绝对不能接纳的事实，然后我们从这个事实中感受到自己不够好、自己不被爱、自己很糟糕，继而把生活中的一切烦恼都归结到那个令我们不能接纳的事实的存在上去。

其实，关于这个问题，内心的机制是怎么运转的呢？

你不难有这样的发现，如果你心情很好，你会觉得周围的一切都很美好，如果你心情恶劣，你看周围的一切都不顺眼。心情好的时候也许你不会追究为什么心情好，心情不好的时候，你常常会认为："啊，都是什么什么造成的……"然后你会想："要是我或者别人不怎么怎么样就好了。""要是什么事情怎么怎么发展下去就好了。"……而这些跟那只长着柠檬黄色耳朵的小羊的想法何其相似？

那只小羊觉得，只要它柠檬黄色的耳朵也变得跟它的另一只耳朵颜色一样，那么它所有的烦恼就都不存在了。真的是这样吗？我们从小羊接下来的经历中也许可以窥视到自己的内心。

小羊把它想改变耳朵的意愿告诉了老山羊，老山羊出了一个好主意：它把嫩粉色的颜料刷在小羊的黄耳朵上，这样小羊的耳朵就变得跟其他的羊毫无二致。小羊高兴坏了，它瞬间觉得天地换了颜色，再也没有其他动物跟它争抢吃的喝的了，即便它想美美地睡一觉，当它看到它想睡觉的地方已经有其他动物占领了的时候，它都觉得这不是个事儿，因为旁边的草地看起来更松软更适合睡觉呢。

然而，当小羊沉浸在自己的幸福中时，小猪打破了它的幸福，小猪对它说："你的耳朵还是柠檬黄色的啊，不信你去水里照一照！"

小羊在水面上看见了自己柠檬黄色的耳朵，崩溃地大哭，它去找老山羊，老山羊才告诉它实话——当初老山羊刷耳朵用的只是清水而已。

然后，老山羊问小羊，同样是柠檬黄色的耳朵，这个事实并没有改变，为什么心境和遭遇会有那么大的不同呢？小羊想了想说："从内心里肯定自己，勇敢地做独特的自己，就会遇到美好的事情！"

我觉得小羊说的真挺好的。每次讲到这里，小宝都是扑闪着眼睛一副似懂非懂的样子，而我已经开始浮想联翩了。

从内心肯定自己，就是说承认自己的不完美，因为世上不存在完美的人，那些不完美只是自己认为不完美而已，事实上它没什么大不了。承认了这一点就代表接纳了，然后你会懂得，所有你遇到的人，所有发生在你身上的事，所有你的经历，都是合理的，只是你戴了有色眼镜而已。

当我们做不到接纳自己，就会有很多负性的情绪产生。大家都知道那个著名的ABC理论，情绪的产生不是由事实导致的，而是我们对那个事实的评价导致的。同样一件事情，不同的评价会产生的不同的情绪，当我们感觉不幸福的时候，我们有必要思考一下，在我们脑子里存在着什么观念，这个观念才是导致我们不幸福的罪魁祸首。

比如，小羊在学会接纳自己之前，它认为自己倒霉透了，这不是因为它那只黄色的耳朵所致，而是它内心的观念“我要和大家一样才可以”而导致。

求助者认为自己恋爱不顺是由自己父母离异造成的。父母离异是事实，无法改变，但在她的内心里她感觉这是很恐惧的，虽然她口头表示，父母离异不是她的错，跟她也没关系，但她的口头禅是“什么事我都明白，我就是做不到”，这说明她的防御性很强大，她只有在强大的防御下才不会因恐惧而让自己土崩瓦解。父母离异给姑娘造成的伤害是让她的自我评价变低，让她感觉自己非常不好。所以在这件事情上ABC是什么呢？

A是父母离异，B是“我很在乎别人对我的看法”，C是“我恋爱受挫，我不幸福”。何必在乎别人怎么看自己呢？在乎别人对自己的看法不好，是因为自己对自己的看法不好；如果自己对自己很满意，就不会因别人的看法而影响自己的心情。也就是说，如果内心没有一个足够好的自我，就不会感到幸福。

还有求助者认为自己的生活过得不好，是因为嫁了不好的人家，这个事情当中的A是嫁了不好的人家，B是“我这样的人就应该嫁一个好人家”，C是我很郁闷，甚至抑郁。其实，这世上根本就没有什么应不应该，难道你读书时的成绩很好，你的父母社会地位很高，你的家庭条件也很不错，这就说明你一定得嫁到一个门当户对的人家吗？我是说“得嫁到”，而不是“能嫁到”，你当然可以嫁到门当户对的人家，但是没有嫁到门当户对的人家就一定要把自己搞得那么抑郁吗？这就好比，我去某个地方只能走那一条路，如果走其他的路我就对要去的那个地方失去了兴趣，那我岂不是这一生都在与那唯一的一条路作对？只走那唯一的一条路难道不是墨守陈规吗？我在与陈规作对的时候，我又是在与谁作对？

那个读者说她的一生都被生二胎这件事给毁了，她的A是生二胎，B是生了二胎势必会对大孩子造成伤害，C是一生不如意。其实生了小孩子不一定会对大孩子造成伤害，更有可能两个孩子一同成长从而体会到独生子女家庭体会不到的乐趣。再者，对不同年龄的孩子有不同的对待方式，关注是必要的，但不是时刻关注，孩子也需要有他自己独处的时间和空间，父母关注孩子的目的是更好地理解孩子的需求，理解孩子的需求是为了给他制订合适的规则，让孩子在规则中行事的结果就是，无论他走到哪里、做什么事情都会自带安全感。这无疑是父母留给他的最大的“不动产”，而这又和生几个孩子有什么关系呢？

如上所述，情绪是怎么来的呢？根据ABC理论，A是客观的，不能改变的，可以改变的只是B，B改变了，现状的C就改变了。人们都认为改变C的途径只有改变A，认为只要那个A不存在了C就可以改观了，但事实上人生不如意十之八九，还是有人过得滋润、活得舒心，这并不是因为发生在他们身上的事情都是好事，而是他们有能力转换思维方式，从不同的方面看到同一件事情的有益之处，这样，坏事也就变成了好事，这才是我们迫切需要获得的能力啊！

不要再拿那些你自己认定的不幸福的理由当作借口，那些理由什么都不是，它只能成为阻碍你幸福的绊脚石。就像故事中的小羊最后终于明白了造成它不幸的并不是那只黄色的耳朵，而是它不接受那只黄色的耳朵。当它从内心深处肯定自己的时候，那只耳朵就不再是“讨厌的”耳朵，而是美丽、特别的“星星耳”了。

对小羊来说，耳朵没变，境遇却变了，因为自信发生了。对我们来说，现实没变，感受也可以变，只要我们愿意接纳自己的不完美。

Part 3

观察自己，看清内心的执念

不要用“应该”来限制自己

有一个读者给我发来这样一段话：

我和我老公一起去吃酒席，本来我是不想去的，可是在家也没有饭吃，就一起去了！吃饭的时候，有人说我老公对他妈不是很孝顺，我不知道是啥意思！我觉得别人是在说我不是什么好媳妇！说我老公娶了媳妇忘了娘！我是这么理解的。我很愤怒。我觉得谁嫁到他们家都不可能跟他妈搞好关系，我觉得我婆婆太奇葩了！我又觉得我为什么要嫁到这种人家，还背负着不孝的罪名！我觉得我的命不好。酒席的菜也很难吃，我只吃了几口，最后招呼也没打就提前离席了，估计别人会觉得我很古怪又很没礼貌吧？

亲爱的小伙伴们，你们看到这段话有什么感受？

诚然，生活对于这个姑娘来说是不能承受之重，生活似一个巨大的车轮，她没有意识到这个车轮其实是可以载她向前的，她只是耽于车轮的底下，即便不甘心、不情愿，却也只能遭受辗压。

一个是让车轮成为动力，一个是让车轮成为阻力；一个是轻松，一个是沉重。动力和阻力，以及轻松和沉重，它们被获得的原因之区别在于：你允许自己有多少选择权。

就像上面那个姑娘，她的名言是这样："我妈毁了我的前半生，我老公毁了我的后半生。"

乍一看这句话很文艺，有点凄凉的意味。但它一点都不美，相反它是万恶之源。难道你生来就是为了被别人"毁"的吗？你在这个过程中又做了什么？你是配合着别人"毁掉"你，还是告诉别人"我不喜欢你这么对我"？你是至死不悔地依附在别人身上索取他根本就给不了你的东西，还是努力让自己从别的途径获得你所需要的？

为了说明人的主动选择权是什么，以及它有多重要，我很愿意在此写下一个我很喜欢的朋友的故事。

这个朋友，我管她叫林。有一次林和她老公大吵一架，原因是她老公对她早晨起床就骂了孩子而感到不满，她老公的意思是，不管孩子做错了什么，早晨不能挨骂，不然这一天都没有好心情。

其实林在早晨骂完孩子之后马上就后悔了，她从内心里承认自己做得不对，但她面对老公的指责却不能坦然接受。因为他只是看到她犯了错，他却不能理解她不由自主犯的这个错到底积聚了多少以前的怨恨，她会想凭什么没人理睬我的怨恨却又指责这怨恨是错的？凭什么！

其实这事儿也没什么大不了，无非孩子没有把他房间里的垃圾桶清理干净，任凭她提醒了下不五遍，孩子依然没有听进耳朵里去，所以当她大早晨去喊孩子起床吃饭上学，看到纸屑果皮满溢的垃圾桶依然矗立在床边时，她就发飙了。在此，让她生气的那个燃点是这样的：我说过的话你为什么就不听呢！

中午回家，林的老公就她骂孩子这个问题提出异议，林的火气“蹭”一下就起来了，她心想：你不也是这毛病吗？我说过多少回让你把自己的臭袜子收拾干净，你可以不洗，但你不要扔得满房间都是，我难道还要负责像找地雷一样把你不知藏到哪里的袜子一只一只都搜集起来吗？我的时间也是很宝贵的好吗？我说过的话你听不进去，你难道还有权力指责我不该说吗？我为什么骂孩子？还不是他像你一样“死猪不怕开水烫”？你有什么权力说我做得不对！

本来是母子之间的矛盾，后来升级到夫妻俩之间的矛盾。林的老公也被气得够呛，他吼道：“你知道我为什么不听你的话？我就烦别人命令我！爱过过，不过拉倒！”

林简直被气炸了，她扔下一句“行啊，谁离了谁活不了，回头把家产清算一下分家，孩子归你”就去社区医护中心去输液了。彼时林正患着重感冒，发烧咳嗽得差点爬不起床来。当她躺在医护中心的床上打点滴时，她心里的悲哀像一座山那么沉重，她心想自己一边生着气一边进行身体的治疗，这有什么用？就算把身体治好了，情绪的创伤不是也会再次拖垮身体吗？还做这无用功干吗，死了算了！

不知是没有休息好，还是重感冒本身就需要多休息，林渐渐困意丛生，她的情绪也慢慢变得平静。小憩一会儿之后，她忽然想到一个问题，她想我是有选择的啊，我四肢健全头脑灵活，我有一个儿子一个老公一个家，一套房子一辆车，我凭什么就应该死？又凭什么要离婚？我死了离婚了儿子怎么办？我生了他难道撒手不管吗？我虽然有时候骂他，但大多数时候我还是很有耐心地对待他呀！我是希望他的余生幸福，还是希望他从今以后是个没妈的孩子？这一生我什么也不图，我能不能只图让我的孩子安康？因为人生的游戏已然开始，没有回头路，我得为我的人生、我的角色负责，哪有中途弃权的道理？那么养好孩子就是我的选择，当然我也可以选择离婚，可是这样对大家来说都没有好处，我何不成全别人也成全自己呢？既然选择养好孩子，老公说我两句不该骂孩子我就接受吧，何必自知理亏还要嘴硬呢？况且他不是说绝对不能骂孩子，他只是说不该在大早晨骂孩子。再说我应该想想为什么我说出的话大家都听不进去，可能是我的方式有问题，这是我需要改变的地方，而不能因为自己的过失让大家替我承担莫须有的压力。

这样一连串的念头一出来，林的内心豁然开朗了，似乎有无穷的动力顺着她的血液流淌至她的全身。那是什么感觉呢？嗯，后来当林向我诉说这个过程的时候，她总结了一句话——生活在下你在上，意思是说，是你在俯瞰生活，而不是生活盖在你的头顶。

就是这样啊，不害怕生活，不担心生活，不紧张生活，因为你有选择权！选择不同，你所看到的以及可以运用的资源就不同。同样是一个客观世界，你的感受就和别人不一样。如果人们都能依靠自己的主动性进行选择，生活还有什么可烦闷忧虑的呢?

事后我顺着林的感觉继续感受，我把生活想象成是一口大锅，“生活在下你在上”的感觉就像握住了锅的手柄，你握住了手柄，拎起来整个锅也就不费力气了，煎炒烹炸，全随你意。还有什么感觉比“一切尽在掌握之中”更美好舒适的呢?

想要让一切尽在掌握之中，并不是靠自恋才能达到的结果。因为自恋是“虚”的。认清时事，从中选出一个对自己对周围的人都有好处的做法，这样才能顺应“生活之变”，也才能获得轻松感。

文章开头的读者，她在事件中的选择很有意思：出去吃酒席，不是因为想去，而是因为家里没饭吃不得不去（要么选择给自己做饭吃，要么选择高高兴兴地去，但她哪个都不选）；酒席上有人评价她老公不孝顺，她就自作聪明地把不孝的帽子从老公头上接过来扣到自己头上，认为自己不是一个好媳妇，这才导致了老公不孝（选择将自己和别人并不针对她的评价对号入座）；接着又为自己不是一个好媳妇寻找开脱的理由——不是我不好，是我婆婆不好（因为不喜欢婆婆，所以婆婆不好，这跟真实的婆婆好不好没有关系）；最后为这些内心的不满总结出一个原因：都是我的命不好（选择怪命运这个不能改变的因素，而不是着眼于让“自己变得独立”这个可以改变的因素，其实自己变了命运也就变了啊）！

当一个人的选择方式有问题的时候，比如被动选择，或认为没得选择，这个时候就容易怨天尤人，然后感觉到的就是被生活所辗压，感觉一切都是沉重的负担。

其实人怎么会没得选择呢？心理学家弗兰克尔曾在纳粹时期被关进集中营，即便被剥夺了人生自由，他依然亲身证明，可以选择用积极的心态去获得心灵的自由。和平时期的生活事件难道不比关在集中营更容易应付吗？

当然，主动选择这个问题对于不习惯选择的人来说是很有难度的，因为需要承担。很多人放弃选择，把自己交给冲突，是因为选择一个想要的就意味着要自己去承担些什么，而他们认为他们要承担的那些是不应该的，“不应该”是暗含在他们内心中的信念。

心理学家埃利斯写有一本书叫作《我的情绪为何总被他人左右》，里面提到人们有一种惯常的思维模式，被称作“应该化”，就是说人们喜欢用“应该怎么怎么样”当作衡量事物的标准，如果没有怎么怎么样，那就是不对的，如此一来人们就陷入了失望和不满中。

比如有人被领导骂了一通，他心里极不舒服，所以他不得不选择让自己好长时间过不去这个坎，而不会选择轻松看待这件事。他会想我凭什么就要挨你的骂？难道你发钱给我你就有权骂我吗？他感觉到了被冒犯，他心里“应该化”的思维是“我是不可以被冒犯的”，如果我受到了冒犯我就会情绪不好，这都是骂我的那个人导致的，我的命怎么这么不好，遇到一个这样的老板，生活对我也太不公平了！

其实，有谁是绝对不可以被冒犯的呢？今天冒犯你的是领导，明天冒犯你的是父母或爱人，甚至有可能是你的孩子经常冒犯你，这又能怎么样呢？你凭什么就不能被冒犯呢？

是谁给了你这样一种“我是不可以被冒犯的”感觉？

再比如上面那个读者，她觉得她应该是被人照顾的，她不应该自己照顾自己；她觉得别人不应该用不公平的评价去评论她；她觉得婆婆应该成为她喜欢的样子，否则她就不喜欢婆婆。至于这些“应该”为什么应该，只有她自己知道。

但是我的朋友林，就没有让她的“应该化”思维信马由缰，她起初很生气老公不理解她的怨气，可是作为老公，就一定有责任和义务要理解老婆吗？她也很生气于他的指责，觉得他的态度生硬不友好，感觉到被冒犯，可是当他心情不好的时候，他又有什么理由一定要顾及他老婆的感受？一个人的思维模式最好由“合理”取代“应该”，即对人或事物的方式和态度虽然不令人满意，但认为这些方式和态度都是合理的。既然合理，就可以被接受，而这个思维转变的过程就是承担的过程，它是能不能做出主动选择的关键。

无论我们的角色是什么，子女、伴侣抑或是父母，只要接受这个角色就好，不要认为“这不是我应该做的”“我就不应该过这样的生活”，或者“你应该怎么怎么对我”“他应该怎么怎么做”，这是在和自己、和生活过不去。

生活在下你在上，放轻松一点，不要拿过多的“应该”限制自己，你要相信，世界自有它的秩序。

看清真实意图，才能被理解

看到某个公众号上的一则评论，评论人说每次她本着善意向妈妈提一些生活的建议，或者进行一些必要的沟通，得到的往往是鸡同鸭讲或驴唇不对马嘴的“错位”感受，无论她解释什么，妈妈都是自顾自地说话，好像完全听不到女儿在讲什么。面对这种状况，她很愤怒。

我很理解这种愤怒，就好像一个人在射击，他完全有把握射中靶心，但中途总会有一只无形的手使这支箭偏离方向，这让人很有挫败感。如果是一个很执着的人在做这件事，那么他最终会形成“习得性无助”——完全失去了沟通的欲望。

这让我想到十年前的一位女同事，她性格温柔，对待别人有求必应，但跟别人的关系仍然不好，其他同事谈到她的时候，都说跟她相处很累。那时候我不明白这是为什么，现在我知道了，她跟人说话常常处于一种自言自语的状态。比如，另一个同事考了三年研究生，每次都是几分之差，本来人家都够沮丧的了，根本不愿意提这事，她仍追着人家问哪科到底考了多少分，她似乎听不到对方说“你不要再问了”，而一直沉浸在自己的问题中。

这两个例子都是不懂得如何回应对方，而一味按自己的套路互动，说的一方很自我，另一方也处于不被理解的挫败感中。很多时候，理解并不是指“我能准确无误地看到你的内心”，毕竟两个不同的人思维模式以及各自的成长经历都不同。理解可以作为一种结果，即“我很明白你的感受”，但也可以作为一种尝试，即“我可以通过合适的询问来印证我对你的猜想是否正确”，通过这个过程，你可以看到对方就是他自己的样子，而不是你所认为的样子。

当你深刻理解了一个人，你就能看到他的真实存在，这会让他很有安定感。与此相反的则是，你把自己的幻想投在对方身上，对方的真实存在被你的幻想遮住了，你爱的、与之相处的是一个幻象，而对方从你这里得不到任何真实的反馈，他对这段关系就会感到恐惧、厌倦、逃离，至少是不满意的。

初中复读那一年我就遇到了这样一个奇葩。当时少年少女，情窦初开，我刚进到一个新的班级，大家对我的关注度都挺高，尤其是一个被我叫作M的男生，更是明里暗里告诉我“我很在乎你”。比如他会手抄一份长达10页信纸的爱情故事给我看，我说你可以给我看原文啊，他说原文又不是我抄的，我又问你为什么给我看这个？他说里面女主对男主的感情真是太让他感动了。我心想，我又不是女主，你也不是男主！他兀自沉浸在故事里，以为我就像故事里的人一样对他“忠贞不渝”，这让我很难受，同时有一种看见他就想逃跑的冲动，就像我面对的是一条大大的死鱼，触摸起来冰凉而黏湿。再后来M和另一个女生走得非常近，那个女生非常喜欢并崇拜他倒是真的，但有一天那个女生找到我要和我做朋友，我才知道原来M和她在一起大多数时间都是在谈论我，把我说得美轮美奂、善解人意。我听了就更不舒服了，因为那时我还是个爱使小性子、有点自私、说话呛人、不顾别人感受的人。这些“恶劣”他都看不到，只是按照他自己的愿望杜撰了一个幻想出来的我，从而与这个幻象相亲相爱、不离不弃。但怎么编排自己的幻想是他自己的事，与我无关，我只知道面对他我很恐惧，我能做的就是有多远跑多远。那时候我对此事的感觉只有两个字：郁闷。却不清楚为何郁闷，只好把M当成一朵“烂桃花”聊以自慰。后来的后来，我才明白，问题出在我“没有被真实地看到”，这是一种极受挫另加恐惧的感受。

看不见他人的真实存在，是一个人的能力问题，因为他也没有被真实地看见过。如果一个人从来不被信任，他也学不会信任别人；如果一个人没有被爱过，他也不知道如何爱人；如果一个人从未被尊重过，他不会懂得什么是尊重。所有的品质都是先要获得，然后才能把这种品质传递给别人。

我爱人有个经常来往的客户F。F的经济能力不错，但他老婆好像觉得这并不是在亲朋好友聚会时可以炫耀的资本。他老婆是个特能折腾的人，今天弄个淘宝店，明天做个加盟商，虽然坚持了一段时间后都不了了之，但无疾而终的结果从来没有让她停下折腾的脚步。况且很多事情不了了之是因为家里的琐事太多。三个孩子，最小的刚2岁，公婆身体不好，而自己父母还有哥哥家的孩子需要照看，保姆也请过几个，但任何一个保姆面对三个孩子打闹成一片的状况都很头疼，所以时间最长的也没有干超过半年。F就特别不理解，他对老婆说你这么折腾干吗呀？我又不是养不起你，谁看孩子能比亲妈尽心尽力啊！

周围的朋友也特别不理解，说她不愁吃不愁喝，经济大权在握，干吗总跟自己过不去？连F的老婆本人也说不出什么原因来，她就是觉得不愿待在家里，那会让她觉得自己毫无用处。

我和F的老婆不太熟，自然也没和她深聊过，以前我总是认为，一个爱折腾的人走到哪儿、到什么年纪都会折腾，这跟个性有关，跟环境无关。但后来我越来越觉得根本不是那么回事：一个时刻被当作背景的人，无时无刻不在寻求被看见、被承认、被尊重。

F在家里的作用就是挣钱机器，除此之外，他基本上是甩手掌柜，不管孩子，也不管老婆，他认为老婆是个能把什么事情都搞定的人，就像他妈一样。这可能跟他的成长环境有关，在原生家庭里，他只需做到成绩好，至于生活，则是饭来张口衣来伸手。所以当他娶了老婆，生了孩子，他依然没能转变角色，就像小时候只要成绩好就可以了，现在他成了家，只要能挣钱就可以了，其他的事情，他自认为可以不管。他没有想过孩子需要父亲来传授生活经验，也没有想过一个为家庭琐事而累的女人需要多少情感上的支撑，他会想，世界不就是这样存在的吗？男人和女人不就是这样合作的吗？他认为老婆也应该像妈妈一样任劳任怨，并可以在此找到生存的价值感。可是他那位爱折腾的老婆并没有领他的情。

F的老婆自知没有被真实地看到，这在意识层次上也许不会有什么，但在个人无意识当中会有深深的愤怒与不甘，她无法解释自己为什么不能安于家庭生活却不断地折腾来折腾去，也许这样做只是她想要成为生活的“前景”而不是“背景”，因为“背景”代表了埋没与被忽视，这太让人痛苦了。

容我设想一下，如果一个女人可以在爱人那里得到足够的尊重和理解，用真实的面目与爱人互动，而不是被迫成为爱人一厢情愿用主观臆想“塑造”出来的角色，那么她也许会觉得做一个女人是件荣耀并值得欣喜的事，她会很安然地待在属于自己的位置上——支持爱人，关照孩子，她不会有那么多的不甘、委屈与愤怒。她的心境大概会是平和无争的。

还有一个非常有意思的现象，F特别不愿意回家，因为一回到家里，老婆总是无尽地埋怨，孩子难管啦、事情太多忙不过来啦等等。F说他本来够累的了，哪有心情张嘴说话，他只想一个人静静地窝在沙发里看场球赛或娱乐节目，他经常说的一句话就是：“女人难道不知道男人在外面工作很累吗？懂事的女人应该学会理解和闭嘴。”

这会让我想到一句《论语》里的话。孔子曰：“不患人之不己知，患不知人也。”这句话是说，不用担心别人不理解自己，只要自己理解别人就行了。

其实这句话放在一个家庭中的男人或女人身上都是一样的，先学会尊重对方，看到对方的真实意图和对方本来的样子，这样收到的反馈就是，对方自然就理解了你，至少对方是愿意去理解你的。

当你看不见一个人的真实存在时，会发生什么？你会看见一个“心鬼”，种种的不如意都由这只“心鬼”而生！

勇敢说不，才能被尊重

我和一位老家来的表妹去逛超市，途经几个导购员，他们递给我们各式各样的免费赠物卡，有的是一次性毛巾、化妆品试用装，有的是珠宝，只要拿着卡片去他们的柜台领就可以了。我对免费赠送的东西向来没有好感，所以我从不接那些赠物卡，遇到实在太热情的导购员，我也只是摆摆手表明“我不需要”。但表妹看起来有点儿过意不去。从超市出来以后她对我说：“这也太没礼貌了吧？人家都那么热情了，咱们至少得接了卡去看一下啊？

我说：“你需要那些赠品吗？”

她想了想说：“好像也没有我特别感兴趣的东西，就是些珍珠粒儿啊、一次性化妆品啊什么的。其实我也知道，要一粒珍珠也没什么用，化妆品用一次也看不出什么效果来，也就是实在闲着没事干的人才去凑热闹。”

我说：“这不，你也挺明白的嘛！‘拒绝’和‘没礼貌’是两码事，‘拒绝’是说‘我不需要这个’，‘没礼貌’是说我对她们表现出不耐烦的神情，或者接了赠物卡又随手扔到垃圾桶里去。”

表妹说：“话是这么说，但我还是做不到别人向我推荐东西的时候我说‘不需要’，这话太难说出口了。”

我说：“我知道。”

很多人可能会认为，拒绝别人的要求，就等于拒绝了别人整个人，这就相当于说“你这个人简直太‘次’了，我不屑与你为伍”，这种“整体性贬低”别人的事，他们不敢做，怕别人承受不了。其实只是因为他们自己承受不了——怕自己的要求遭到别人的拒绝，从而毁灭自己在别人眼中的形象。这是一种投射——你如何对待别人，反映着你的内心。

把“要求”上升到与人格同等的地位，当别人拒绝了“我的要求”就认为别人是否定了“我整个人”，这种思维给人的感觉就像草履虫，还处于最原始的阶段。他们似乎还没学会“就事论事”。

形成这个认知的原因，和身边最亲近的人对待你的方式有关。比如我的一位来访者，当她向妈妈要求买一件新衣服的时候，妈妈会用很不耐烦的语气对她说：“你怎么那么麻烦！”这样她接收到的信息就是“我是被人讨厌的，因为我不该提这个要求”，她会把“提要求”这个行为和“自己不受欢迎”等同起来。而正确的认知应该是这样：你提的要求，妈妈没有办法满足你，这是她的问题，这与你“好不好”没有关系，所以不要认为被拒绝就一定是自己出了问题；每个人都有提要求的权利，也都有拒绝的权利：提不提在我，满不满足在你。

人们的错误认知或多或少都源自被错误对待的方式，比如上面这个来访者，她提买衣服的要求，如果妈妈不同意，那么完全可以表明不同意的理由，无论这个理由站不站得住脚；可是妈妈却表现出厌烦的情绪，情绪这个东西是人在进化之初就已存在的，它很低级，又很原始，它具有传染性，很容易影响到身边的人。那些与父母“密不可分”、很难学会独立的人，恰恰是过多受到了父母情绪的影响和控制。

被情绪控制的孩子，在他长大的过程中，一般会走向两个极端，一个是和父母对着干（也倾向于与任何人对着干），一个是不知不觉去讨好别人（父母或任何身边的人），而很多人都兼有这两种情况。说起来很矛盾，其实是一个问题的正反面。

人应该找到自己、确定自己的坐标点。不能独立、没有自我的人没有力量，容易受环境的影响，自然有很多道不明的烦恼。而我越来越觉得，选择“与人对着干”，大概是在尝试一种获得独立的途径：“你说什么就是什么吗？我为什么要听你的？我难道没有自己的观点吗？”这是积极的，却也是盲目的，因为外界不乏有一些建设性的意见，但他听不进去。而另一些“讨好”的人相比较“对着干”的人，虽然力量要弱一点，也一样是做出了“找到自己”的努力——我一定要在你的眼里看到我自己，所以我要去讨好你，你说什么我都答应你，让你离了我就活不下去。这样不仅是对自己的不尊重，也是对对方以及你们这段关系的不尊重，因为你教会了对方用不尊重的方式对待你。从这个意义上说，拒绝是一种尊重——我不会满足你，也不讨好你，我有我自己的立场，麻烦你也要尊重我的立场。

当你遭遇拒绝，你会有什么样的感受呢？你又会如何处理这种感受呢？

被拒绝不仅指别人语言上的拒绝，还包括关系的疏远或终结、得不到预想中的回应等。不可否认，被拒绝时我们多少会感觉到痛苦和失望，因为我们的愿望没有被满足。

但应该更客观公正地看待这一点，一段关系的结束，得不到预想中的回应，或一个要求被拒绝，其中有许多可能的原因，但最具有毁灭性的就是，把原因归结到自己身上："是我不好""我的要求太过分了""我太容易依赖人"。总之都是自己做得不好。就像柴静说过的一句话："经历不好事件的人有一种对自我的怨憎，以为是自身的某种残破，带来命运的不幸。"

然而又能怎样呢？这个世界本身就是不能被掌控的，除了自己的事情，外界的任何事都有极大的变数，关系是这样，"别人"也是这样。不能接受拒绝的人，大概以为可以控制别人的决定和想法。而别人一旦拒绝，就认为是自己不好导致的，这是自恋的表现——我不好，你就拒绝我，我好，你就不会拒绝我，所以你拒不拒绝我取决于我好不好。再直白一点，这个说法是这样的：我决定你！

这句话有毛病吗？你（的做法）可以决定别人（的做法）吗？

所以，别人拒绝你，跟你提什么样的要求、你是什么样的人没关系。他拒绝你，只是因为他没有能力满足你，他做不到你让他去做的那些事；或者是因为他本身没有承担的能力、害怕承担而选择去逃避。这么说来，他拒绝你恰恰是因为他自己的能力达不到，或他自身有什么缺点（比如懦弱、胆小），而这些跟你没有半毛钱关系。

话又说回来，人们为什么不能说出拒绝的话呢？是因为他们首先抱着“拒绝别人是我的错”这样的想法，因为先认定自己错了，拒绝就不好表达，或带着情绪去表达，这样很容易与人产生冲突。本来拒绝也可以好好说话，拒绝不过是为了捍卫自己的权利，可是不会拒绝的人表达就成了一场情绪的发泄，在这场发泄中，双方的感觉都不会美好，然而造成这个不美好的结果的原因并不是拒绝，而是没有好好说话。

曾经有个读者对我说，他和爱人刚结婚的时候本来不想要父母给买房子的，可是父母说他们上班没多久还贷太有压力，愣是把自己的老房子卖了，为他们买了190平方米的复式房，这摆明了就是和儿子媳妇一起住的节奏。爱人觉得苗头不对，提醒我的这位读者说宁可住六七十平的小房子，也要单独生活。可是我的这位读者，觉得拒绝父母的好意是不对的，就这样将就下来。然后父母开始按自己的想法和审美观往新房子里添置家具，而房子的贷款却是儿子和媳妇各承担一半。婚后因为共同生活摩擦不断，爱人多次提出要搬出去生活，可是这位读者总是不大愿意。直至后来矛盾升级，爱人和公婆公然开始打架，好不容易怀上的孩子也在打斗中不小心流掉了。爱人心灰意冷，没有出院就让娘家人把离婚协议书丢给了我的这位读者。

这位读者对我说，他特别后悔没在一开始父母提出给他们买房子的时候就拒绝，毕竟拿人家的手软。如果一开始就拒绝这份好意，两人也不至于闹到要离婚的地步。

很多时候，不会拒绝不是真的不懂拒绝，而是逃不过自己的恐惧，恐惧家庭中的权力——如果我们顺应这种权力，我们就能得到爱，如果我们忤逆这种权力，我们就有可能被爱抛弃。就是说，我们在家庭的权力系统中从未被好好尊重过。我们要么违抗权威，要么顺应权威，但很少会想到还有第三条路——可以与权威和平相处。

既然我们在家庭的权力系统中没有被好好尊重过，当我们面对自己的利益被侵犯的时候，就要勇敢地替自己说不，只有这样才不会被无知的人侵入自己的边界，而在其他人际关系中也才容易做到从容应对。

有爱的人都是“麻烦精”

几年前女儿刚要上小学的时候，一位邻居大妈特意来告诉我说，她女儿在市里一所重点小学当老师，可以带一个片外的学生入学，只需要交3000块钱赞助费就可以了，如果我女儿想去的话可以找她。我很感谢邻居大妈，但我家附近已经有一所不错的小学，我不打算将女儿送到那么远的地方去上更好的小学，于是实话实说，这事就过去了。前段时间一位关系一般的同事到处打听入重点小学的事情，我又想起邻居大妈，便答应同事试试看能不能办成。后来事情顺利得出乎我的意料，不到一天就搞定了，只是赞助费涨了2000块而已。

事后同事请我吃了几顿饭，感恩言谢。席间她告诉我说，以我们的关系，她没想到我会去办这件事，但她平时很乐意去求助于他人，于是就多了“心想事成”的机会。她不怕欠别人的，欠了就尽力去还嘛，这才被人喜欢，否则一个人孤独生活有什么意思？

我喜欢这种观点，不过它里面还有别的意思：怕麻烦人的人，其实也是怕被麻烦的人，他借此把自己和周围的一切划清界限，我不求你，意思是说，你也别来求我。这看似是麻不麻烦的问题，其实是害怕或懒得付出的问题。

闺密对我讲了一件事，让我不胜唏嘘。过年她回婆婆家时，特意打电话让公公去火车站接，她说带的东西太多，坐公交车不方便。要是以前，她才不会提出这种要求，自己可以做的事，为什么要麻烦别人呢？这种事情多了，本来她是替公婆着想，谁承想他们背地后里却埋怨一家人不像是一家人。索性这次她就麻烦麻烦他们，以致她老公都说她：“你怎么越来越是个‘麻烦精’了？”回家后公公乐呵呵的，没有一点不耐烦的感觉。她却转头又开始麻烦婆婆，让婆婆替她做一床棉被，她说婆婆做的棉被又舒服又暖和，比在商场里买的上千块的蚕丝被好了不知多少倍。婆婆撇着嘴斜着眼睛看她，她懂得那神情的意思：还是老娘我厉害吧！“对，你厉害，你是天下第一，所以我需要你的帮助！”闺密看似是从公婆那里得到了好处，但事先她已经把“我需要你，你高明，你厉害”这样的信息先“付”了出去，她先把对方抬了起来，对方岂有不买账的道理？

很多时候我们不愿去麻烦别人，是因为预想到了“他不会帮我忙的”。但这个预想只是猜测，既然是猜测，那就有可能是真的，也有可能是假的，这是一种倾向，哪种性格的人就会有哪种倾向，这也和投射有关。

一个不愿付出的人会讨厌、害怕付出，他投射到别人身上的内容自然也是“别人不会帮我”，所以他一般不轻易去求人，因为求人意味着受辱——反正你不会帮我的忙，我再去求你，不是自讨苦吃吗？

一个以付出为乐的人，他的内心很丰盈，他不怕帮别人一些什么，也没想着被回报，付出对于他来说就像吃饭睡觉一样简单、自然，他投射到别人身上的则是：我求你帮忙做件事，就像你求我一样，你不会不答应的。他感觉自己不会被拒绝，因此他请人办事态度诚恳自然，很多时候别人也许只是出于他毫无压力的态度，自然而然就答应他了。当然，这里所指的所求之事都是生活中的小事，并不牵扯到什么重大之事。

上文中的公婆就是不怕麻烦的人。乡下人一般重男轻女，但他们对自己的孙子和外孙女却是一视同仁。过年回家，哪个孩子病了，他们比当妈的都着急。跑诊所、买药、问大夫该吃什么药。他们说城市里卖的花生油不知是真是假，但乡下用花生米榨出来的花生油却一定是真的。为了让儿子闺女全家吃上真正的花生油，他们不辞辛苦从集市上买来花生米，送到十里地以外的榨油铺子，再取回来装瓶，等儿子闺女回家来拿。他们做这些事的时候一点都不觉得麻烦，反正闲着也是闲着。反倒是闺密于心不忍，暗地里对我说："他们都不嫌累？还是有所图啊？"

我特别理解她，因为她的原生家庭互动模式就是：作为父母只要让孩子吃饱穿暖，作为孩子只要学习好，这就行了。父母很少为她主动做些什么，都是她自己去要求。比如想买件新衣服，过生日想吃好吃的巧克力，如果她的要求被父母认为不合理，父母则不会满足她，而她也一直认为这是很正常的。当她成年后结了婚，遇到和父母完全不一样的公婆，她的世界观被颠覆了。她一方面觉得公婆这样做是对她有所求，她害怕被要求些什么，所以对公婆的赠予接受得很不自然；另一方面她也尽量不去麻烦公婆，因为她怕麻烦了他们就要付出什么。后来我介绍她上了一些心灵成长的课程，她的变化特别大，她终于认识到原来的心灵格局狭小、局促、不合理，猜测和现实不能等同起来，以及投射的原理。

我对这点也感触颇深。我认为越是不好相处的人越是要去麻烦他，以此拉近彼此之间的距离。当然可能有碰一鼻子灰的时候，但大多时候不好相处只是个表面现象。比如我曾经的女上司就给人一种高高在上、冰冷的感觉，而我为了工作还要时不时求教于她。于是趁着她被外派出国的机会，我麻烦她帮我带一套高档化妆品回来，说是送人用的。当时她不置可否，可一周后回来，她却把化妆品直接送到了我的办公桌上，并说是送我的。我哪里敢白白接受上司的礼物，又找了个合适的机会回请了一顿星级酒店的下午茶才作罢。我的工作环境亦因此发生了微妙的变化。在此我想起一篇文章里说的，很多关系其实都是双赢的模式，你先让对方赢了，你才有可能赢，如果你让对方输了，你则会输得更惨。朋友、亲人，甚至夫妻之间，莫不如此。而这个“赢”，其实就是你先付给对方一些什么，比如，钱、爱、信任，或者尊重，然后你才能从对方那里得到这些。

一个朋友很有美术天赋，我便央求她为新家画几幅油画，她沉思片刻告诉我说：“既然你那么看得起我，我就好好给你画几幅。”事后我把那四幅油画发到朋友圈里，朋友们纷纷留言说和我家的装修风格很相配，并问我从哪里淘到的，还问，花了大价钱吧？我说是朋友特意为我画的。接下来就有人问我：“怎么会有人对你那么好？”我乐不可支，心想，我是在求着别人对我好啊！你不求，别人怎么知道你需要呢？

乐于求人，其实是打开了一个别人关爱你的通道。如果你试都不试，怎么知道别人怕麻烦或者会拒绝你呢？拒绝，可能是因为别人确实做不到，因为你的请求已经超出了他的能力范围。自己试都不试，则是关死了你被给予的那扇门。从这个意义上说，“麻烦精”其实是个智慧的、有爱的、会爱的人。愿我们都成为一个“不要脸”的“麻烦精”吧！

尊重不是口号，而是边界

“尊重”这个词，在百度上是这样解释的：敬重，重视。古语是指将对方视为比自己地位高而必须重视的心态及言行，现在已逐渐引申为平等相待的心态及言行。

“平等相待的心态及言行”，即是说，它是一种态度，这种态度包含了不控制、不指责、不讨好，以及承认他人作为一个人本身应该拥有的权利，且不无视或蔑视这种权利。

说白了，一个人的思想言行只要不存在伤害性，就容不得第二个人去干涉。谨记“我们没有权力对别人说三道四”，这就是尊重他人的态度。

然而，“尊重”不是单向的，它有两个维度，一是自己尊重他人，二是他人尊重自己。对于不懂尊重的人来说，首要的不是去尊重他，而是教他如何尊重自己。这么一来，“边界”就很重要了。“边界”的意思是说，我知道这世上只有三件事，我的事、你的事和老天的事，并且我可以分清楚哪些是我的事，哪些是你的事，哪些是老天的事。我的事不用你管，你的事我也管不着，老天的事你我只需做到接受，这就可以了。没有边界感的人认为大家都是共生的，你的是我的，我的也是你的，大家不分彼此，属于个人应有的权利也就不存在，既然不存在，也就没必要被尊重。

因此，尊重和边界有一定的关系。

那你可能会有疑问：小孩子哪有什么边界啊，难道没有边界的人就不需要被尊重吗？小孩子也是人啊！

这正是我想澄清的问题。我有一个来访者叫小薇，她经常对我谈起一段童年往事。在她5岁时候的那个除夕夜，她被父亲带到一户亲戚家去串门，亲戚家有很多好玩的玩具，也有和她同龄的小伙伴，她玩得乐不思蜀。父亲要带她离开的时候她非常不情愿，请求父亲让她再玩一会儿。亲戚也劝父亲说：“让孩子再玩一会儿吧！”父亲就独自一个人回家了。没过多久，小薇的阿姨急火火地跑去亲戚家里告诉小薇说：“你爸爸都生气了。”果不其然，父亲对站在家门口的小薇愤怒地说：“不准进门，就在外边站着。”

冬天的夜晚，滴水成冰，小薇不知站了多长时间，直到姥姥过来把她接走。就这样，小薇在姥姥家度过了除夕之夜。

对于这件往事，小的时候小薇会感到恐惧，但更多的是困惑。她以为父亲没有强行把她带回家就算是默许了她可以多玩一会儿，既然允许她多玩一会儿，为什么还要生气罚她站在院子里呢？长大以后的小薇仍然感到恐惧和困惑，可是她心里又增加了反思，那就是她做错了，她没有家庭观念，她不应该在大年夜的时候还在别人家玩，所以父亲那么对她也是情有可原的。

在这件事上，小薇始终没有表现出愤怒，她没有意识到父亲那么对待她是不对的，她有权利感到愤怒。因为小孩子追求快乐的愿望是需要被尊重的，每个孩子也都有追求快乐的权利，当然这并不是说做父亲的就可以不分时间和场合去满足女儿，但父亲完全可以换个方式——一方面让女儿懂得她想继续和小伙伴一起玩的想法是可以被理解的；另一方面，理解并不代表满足，她还是得乖乖回家，因为今天是除夕。而不是以冷暴力和罚站的方式让女儿感到恐惧和困惑。

小孩子即便没有多少边界感，在个人的权利方面也是需要被尊重的，正是因为被好好尊重过，小孩子才会获得更多的边界感，明白什么是可以去做的，什么是暂时不能去做的。这样小孩也会渐渐明白，尊重不等于接受或满足，我尊重你的某些想法，并不代表我认为你的想法就是对的，或者我必须支持你的想法。而是我理解并承认你这么想自有你的道理，但我没有权力因不认同你的观点而对你横加指责或体罚。

尊重是需要去学习的，且越早学习越有益处，一个从未被尊重过的人，不会懂得如何去尊重他人，而他未建立的边界感也会使他人经常不尊重他。

前段时间我为了装饰家居去商场买布料，遇到一个看起来很面熟的人，她叫我，我才记起这是八年前的一位同事。那时我们同在一家DM杂志上班，这位大我几岁的同事是个老好人，谁手头上有干不完的活儿都会请她帮忙，几乎来者不拒。她可能觉得拒绝别人是件不好的事，也可能认为她帮助了别人，别人也会同样回报她。不管她是怎么想的吧，反正最后的结果就是，她拿一份工资干两三个人的活儿。我曾经以为她任劳任怨不求回报，但这次遇到她，再谈起以前一起做同事的日子，我才得知她对“干活儿多”竟是满腹牢骚，包括现在所供职的单位，她也是处于像以前一样的境地：升职升不了，该有的待遇也得不到。她不得不慨叹人心不古。

这让我想起与张爱玲同时期的海派女作家苏青，她的书里针对婆媳关系曾经有这样一句话：“（指婆婆）不要拿着客气当福气。”这句话特别狠，意思是说：我对你客气，是尊重你，但你不要以为这尊重是应该的、白得的，从而认为自己很有福。其实这句话里还暗藏着边界感：你一再侵犯我，我再尊重你就是我没有原则，我的退让不会让你适可而止，只会换来你得寸进尺。

这两个例子都在告诉我们，只有拥有边界感才能得到他人的尊重。尊重和被尊重是一个事物的正反两面。会尊重他人的人，不会去侵犯别人的“地盘”，同样也会示意他人自己的“地盘”在哪里，从而不给他人越过界限的机会；不会尊重他人的人，同样也不会尊重自己，这个根源就在于他是没有自己的“界限”的，他在与人的交往中只会凭着本能横冲直撞，同时无视他人的边界，让自己和他人都过得很痛苦。

很多时候得不到尊重，可能是因为对方不懂得尊重，也可能是因为对方不知道你的边界在哪里，他每前进一点，你就后退一步，你既没有把底线亮给对方，也没有在感觉不舒服的时候及时说“不”，而人又都有趋利避害的本能，“压榨”了你也意识不到，因为你“可以被压榨”啊！

因此，尊重不只是懂得不要侵犯别人的边界，还要告诉别人，在你的边界前要适可而止。当你遇到一个不尊重你的人，有可能是对方的问题；但如果经常遇到不尊重你的人，就要考虑是不是你自己的边界感不那么明晰。

但有人也许会觉得，把“你的”和“我的”分得太清楚有必要吗？尤其是在家庭中，这未免太不近人情了吧，心有多狠的人才会这么做啊？这让我想到前不久看过的一则新闻评论，我平时有记录精彩评论的习惯，很多新闻、公众号或博客的评论的趣味性和针对性甚至会超过原文。这则评论说：“我刚嫁到老公家，感觉他们家好有爱啊，两个姐姐对我非常好，婆婆也经常嘘寒问暖，搞得我放着自己的婚房不住天天和老公赖到婆婆家。可是多半年下来以后，我渐渐觉得不舒服，因为婆家人希望我和他们亲密无间，要求我笑口常开，可是谁没个心情不好的时候呢？上班在单位里受了气，回家哪还能高兴得起来呀？公婆就说我难伺候，老以为我不高兴是针对他们，我告诉老公，老公竟然也指责我：‘你挂个笑脸儿不就完了吗，天天伺候你吃住没功劳也有苦劳吧？我天天在外面谈客户无论多累回家也是笑脸相迎的……’我忽然觉得特别可怕，这是什么样的家庭啊？”

我刚看完评论的时候，也感到脊背发凉，这个家庭看似一派祥和，但却给人“遭到绑架”的感觉，难道人只有高兴的义务，没有不高兴的权利吗？评论中的“老公”也许从小就被要求展现健康、快乐、正能量的一面，但他的负能量都去哪儿了呢？极有可能他根本就没有意识到，从而被压抑到不知名的地方去了。这难道不可怕吗？

在家庭这种看似最不需要边界的地方，恰恰是最需要边界的，因为它是人累了一天去休息和放松的空间，在一个边界不清、不被尊重的空间里，人是不会得到真正的放松的。再者，边界意识很大程度上是在家庭中养成的，一个缺乏边界意识的人在社会中也许会莫名其妙被劝酒、被加班，遭到道德绑架，已经被侵犯却没有意识到应该去维护自己应有的权利，还告诉自己“这是朋友们喜欢我”“这是领导看重我”“我应该多付出一点”。当受到侵犯时，不管损失了什么，那种隐约的愤怒与不公感会让人觉得胸口憋闷，那是一种无形的“气压”，在它的笼罩下人不可能得以自由。

分清自己和他人的界限在哪里，这是个原则性问题，有原则好办事。比起“你不听我的就是不行”（我为什么要听你的）“我是为了你好”（我好不好我自己还不清楚吗）“我为你做了那么多你就不能为我做些什么吗”（你怎样对待别人，不是别人如此对待你的理由）“我不敢争取什么，我怕对方不答应”（你有说的权利，别人有拒绝的权利，你都不尊重自己，人家又怎么会尊重你呢）这些控制、指责、以己之心度人之意的思想言行，我是我、你是你，我们没必要互相干涉、纠缠、讨好。这样才会让人更轻松。

爱是用你的方式去爱你

很多年前，当我和我爱人还是一个傻闺女和一个傻小子的时候，我对他说："我不和你在一块了，因为你对我一点儿都不好。"

他很吃惊地看着我，说："天下人都知道我喜欢你，你说我对你不好，你也太迟钝了。"

呃，我仔细思考这句话的含义，感受到的却是这样：我迟钝，是我错了；我感受不到他对我的好，也是我错了。人家那么剖心析胆地对我表示真诚，我还在这儿玩矫情。

可我到底错在哪了呢？又不是我故意让自己迟钝。但凡我有一点让自己变得敏感的方法，我一定不甘心忍受迟钝的蒙昧。

这就好像玫瑰和勿忘我的区别，勿忘我没有玫瑰好看，玫瑰没有勿忘我活的时间长，但它们谁都不能成为彼此，因为种类不一样。有什么办法！

很多年以后，有了阅历和年龄的基础，也沾了学习心理学的光，我才搞懂他的逻辑模式：我对你好不好，你不要感受，你要去分析，最好用公式去推理，这世上还有比公式更准确的东西吗？

如果一个人活着不能通过感受去感知世界，或者有人告诉他“你的感受都是不应该的”，可能这个人不死也得疯了。

还好，我没死也没疯，还上蹿下跳，因为我相信自己的本能，并尊重它。所以我知道，我和他的区别，不仅在于女人和男人的区别，还在于心理类型的区别。

没错，我是情感型的，他是思考型的。对我来说，我认为感受很重要，事实不是事实，感受才是事实。对他来说，他认为理性的思考很重要，感受不是事实，分析的结果才是事实。他会对我说：“我爱你，也会对你好，你信这一点就行了。”但我对此却不得不置疑——没有可信任的感受，哪来的信任！

要说信任，也不是没有一点儿可信任的基础，但在十几年的共同生活中，这样的信任感受屈指可数。比如，我记得他在最穷的时候，不忘给我买一个还算可口的生日蛋糕；我说喜欢吃烤鸡翅，他就在和狐朋狗友喝酒回来的时候拎一堆烤鸡翅。这样的事情真的没有几件。

直到有一天，我和我婆婆发生了一些原则上的冲突，我婆婆还说了我，原因是我不同意再生第三个孩子，我说我没有精力去养，我婆婆就说，不用你养，我替你养，你只要生就行了。这话说得好像我生个孩子交给她，这孩子就跟我没半毛钱关系了，那我生孩子图什么呢？我婆婆说我的时候，他没说什么，但是第二天早晨他就把他妈送回老家，回来跟我说："我和他们（他父母）都讲了，我说你可以说你儿子，但你不能说你儿媳妇，人家不是你儿子的附属品，也不是你养大的，你没有权利这么做。"他停顿了下，对我说道："再说咱们结婚这么长时间了，我都没有说过你，凭什么让他们来欺负你啊？你又没做错什么！"

我当时有一点儿小小的震惊，我实在没有料到拥有"死猪不怕开水烫"之特性的他可以讲出这么富有感情的话来。这些话让我明白了，他很在乎我、尊重我，更重要的是，他理解我，我们之间是心意相通的。几天后，当我和我的个人体验老师讲到这件事的时候，我才忍不住潸然泪下，我跟我的老师说："之前我总是跟他吵架，骂他好吃懒做，那都是借口，我只不过是在发泄自己得不到他的理解和支持的怨念，这些情感上的沟通对我很重要，它们让我深信，我是一个‘很好’的、被爱的人。（这种感觉不是来自我的父母，而是来自我的爱人）”

既然是一个很好的、被爱的人，这种感觉越多，就越会转化为“自爱”。既然自爱，就不必通过其他方式一再证明自己是值得被爱的，比如通过吵闹、不依不饶、埋怨、指责、怀疑身边的人居心叵测等方式。就像你有一大笔属于自己的钱，那你好好享受就是了，你一定不会通过向别人诉说“你知道吗？我有一大笔钱”这种方式，让别人替你证明你有那些钱，对吧？

我的爱人就是用这种极具疗愈的方式巩固了我的自爱之旅。然后，当我再回头看以往那些种种的不如意，我发现生活是最好的老师和馈赠者，和生活之间保持亲密、流畅的关系（即要有探索的意识和不畏艰辛的勇气），它就会教给你不懂的，给你想要的。

对一个人好，如果用了对方所需要的方式，那将是一件极其欢欣的事情。反之，则会有不满和愤怒。

什么是用对方所需要的方式？我觉得有一个共通的法则：他所缺的、想要的是什么，你如果能给予，至少可以做到理解，这样就算是“用你的方式对对方好”，而不是用“我所认为的一厢情愿的方式对对方好”了。

当然对于一个足够健康的人，他什么也不缺，完全可以自尊自爱自律，就像“住在原型当中的人”一样，这就另当别论了，他不仅是你理想的父母，还是你的神，你不必努力学习怎样去爱他，你只要享受他的爱就好。

对于思考型的人来说，他需要的是信任和不干涉，他说什么，你信什么就对了。因为在他看来，这没有什么道理可讲，他说的就是事实，而他需要你尊重他说的事实。

举个例子，一个情感型的妻子怀疑她思考型的丈夫出轨，但她没有证据。她问他，他也回答说啥事没有，叫她不要胡思乱想。但她忍不住胡思乱想，越想越觉得生气、害怕。这种情况下，如果妻子不想再跟丈夫一起生活了，那她要做的就是搜集证据，把孩子和家产分一下，一拍两散完事。有时候情感型的人要学会思考型人的一些逻辑方式，因为每个类型的人都有他独特的优势，以自己的劣势去应对他人的优势，只会让自己受苦。

但还有一种情况，妻子没有离婚的念头，那她要做的就是停止怀疑，他说什么，她就信什么，完事。因为她信与不信，他说的事实就在那里摆着，他有他的逻辑和做事方式，她不能通过怀疑、追问、哭闹来改变他，他也不需要被改变。这就是爱一个思考型的人的方式。

对于一个情感型的人，他所需要的就是关爱，但这个关爱不是口头上的敷衍，而是指向最深层的需要。

我有个朋友，如果她超过一周没给她妈妈打电话，或节假日忘记给妈妈打电话，妈妈就会埋怨她，并趁机向爸爸找茬、吵架、撒泼，搞得她很无奈，又很委屈，经常想大哭一场。她跟我说："我妈都不好好想想，我平时从没有在周末给她打过电话，是因为我要照顾孩子，家里一团乱，根本就没有时间。前几天元旦，正赶上周末，我没有给我妈打电话，我妈就跟我爸闹开了，我跟我爸通电话的时候，隔着电话就能听见我妈在旁边哭得声嘶力竭，我觉得我都没法过了……"

唉！我能想象出那个场景，同时也能感受到朋友的无奈和她妈妈的委屈。

上天真是神奇得很，他会让一个思考型的人和一个情感型的人结成夫妻，也会让一个情感型的母亲生出一个思考型的孩子，或者让思考型的母亲生出情感型的孩子。总之一个家庭中不可能都是同一类型的人。这就免不了因逻辑方式不同而导致的不理解，不理解又导致各种各样的矛盾。

我这位朋友是思考型的，她爸爸也是思考型的，但她妈妈是情感型的。一个情感型的人向两个思考型的至亲“索爱”，结果可想而知。

朋友的爸爸对她妈妈采取的方式就是劝说：“你别再闹了，这样对你的身体不好。”朋友的想法则是这样：“她应该知道我周末没时间打电话，而元旦正赶上周末，所以我并不是故意不给她打电话，她要是明白这点，就不应该闹脾气。”这些都是站在思考的角度去看待的，但情感型的人不吃这一套，原因很简单，她的思考功能不发达，她是用价值判断和感受去体验世界的。

如果换一种方式，向那位觉得受尽委屈和不公的母亲表达这样一个意思：“我很在乎你，你对我很重要，我非常理解你的哭闹在表达什么，你放心，我懂了。”那么结果会有戏剧性的变化，就像一个小孩儿，上一秒还哭得上气不接下气，下一秒就平静了，似乎什么也没有发生过。

但我知道，做到这一点太难了。可正是因为难，才算得上一场“修行”。如果能真正看到母亲的悲伤和她的恐惧，我们每个人的心里都是没有愤怒的，有的只是无尽的怜悯。

夫妻之爱与父母之爱，根源都是一样的。爱就要“用你的方式去爱你”“用我的方式去爱你”只能证明我是那么自私。

请重视生活中的每件小事

在小说《罗丹岛之恋》中，女主艾德琳被丈夫抛弃了，她认为自己是个失去魅力的女人，为了抵抗这种挫败感，她把全部精力都放在了儿女、父亲、家庭琐事和工作上，她拒绝自我思考和犒赏自己，对未来不再抱有任何期待，同时放弃了每一件让人生美好的小事，只为了把自己埋葬。但保罗的出现让她意识到自己的错误。她在罗丹岛的旅店中剃了腿毛、淋浴、用乳液涂满全身，享受肌肤重生的滋味，然后换了一套漂亮衣服，化了淡妆。做完这件小事情，她的形象就不同于往日了，她因此觉得，自己虽然经历了那么多变故，但仍可以有一个很美好的人生。

这让我想到一篇文章里提到的一句话：人生最重要的事业，就是好好生活。

什么是好好生活？我觉得能做到“不以事小而不为”，并从中获得一种喜悦和满足感就算是了，即不小瞧小事，也不认为那是无意义的。

很多人觉得，事情太小，不会对整个生活起到决定性的作用，自动就忽视了。有的人嫌太麻烦，就像一件艺术品制作需要十道工序，自己五道工序就做出来了，跟十道工序的没什么差别，为什么还要多费力气呢？还有的人喜欢凑合，明明向往那些更高的追求，却说服自己没必要那么认真，也没必要去钻牛角尖，现在还是很不错的。

你可能不知道，你这么无所谓地、凑合着过日子，你这样过了一天，就有可能这样过一年，然后再这样过一辈子。就像一个为还房贷节衣缩食的人，他在财务状况不好的时候会想：等我有钱了就给自己置办一套漂亮的网球装，等我有钱了就带上孩子去国外旅游，等我有钱了就买辆房车，等我有钱了……然而真等着他有钱了，他却觉得那些事情不做也可以，因为以前没有这些的日子不一样过来了么。可他在这个过程中损失的是什么呢？损失的是生命，这就相当于他本来可以活90岁，可实际上可能才活了50岁。

任何一件让生活变得美好的小事都不能放弃，因为放弃了一次，就会习惯性地放弃两次、三次、一百次。而这些被我们放弃的小事中，隐藏着生活的本质。这个本质就是，我们可以掌控自己和生活，可以让自己变得更美好从而更爱自己。还有什么比主动、积极面对生活更有意义的事情吗？

每个人都需要拥有对自己和生活的掌控感，因为掌控感会让我们觉得安全，不容易受到惊吓，内心不会像“过山车”一样经历跌宕起伏。而这种掌控感恰恰隐藏在那些不经意的小事当中，原因很简单，就是因为“小”，才更容易控制。就像我在朋友圈里看到的这样一段话，感觉挺有道理的：

你必须培养些爱好，不要空洞遥远的目标而是实在甚至庸俗的吃喝拉撒。你必须一觉睡醒清楚今天能干什么。去楼下最辣的米粉店吃早饭，去给窗台上的盆栽浇水，去追一集刚更新的新剧，去找一个知心老友唠嗑。你必须积攒这种微小的期待和快乐，才不会被遥不可及的梦和无法掌控的爱给拖垮。

这段话的意思是说，空洞的大目标不如具体的小事情更容易让人获得幸福感。对生活满意的人大都有能力为自己分配一些小任务，决定去做些小事情，并充满兴趣地去完成。他们也知道自己在什么时间应该做什么，良好的规则感让他们对事物有很好的控制感，这样一种“生活很确定”的安全感正是他们对生活满意的根源。

我觉得规则感是个很好的东西，什么是规则感呢？就是习惯、生物钟，到了哪个时间自动地就知道该去做哪些事。比如每天要喝够一定数量的水，晚上七点以后就不再吃东西，九点给孩子讲故事。正是规则感让生活变得可控，在这种可控当中，人是生活的主人，而不会被生活的洪流所淹没。

我有个当老师的朋友小桑。每年一次的暑假是她既期待又害怕的，因为时间太长，如果没有固定的事情可做，难免会过得迷迷糊糊。有一次我和她在一起，不经意地说了句：“我那柜子里的旧衣服都满了，必须得处理一下。”这句话让她马上有了想法，当天晚上她就开始整理自己的旧T恤了。她的方法很特别，她没有扔掉或捐掉，而是把旧T恤剪成一条一条的布条去编地垫和地毯。她说她十几年来积攒下来的T恤有九十多件，一直想要处理一下，奈何没有合适的方法，但最近她关注了几个利用旧衣物的公众号，觉得这回她那数量庞大的旧T恤可以合理使用了。每天下午三点，睡醒午觉之后，她都会“工作”三个小时，六点去准备晚饭。起初做得很蹩脚，真想撂下不干了，可她瞬间想到一个词，“善始善终”。善始容易善终难，如果能够善终，这件事情本身就是有意义的。所以她说服自己坚持下去，反正也没有其他事情要做。

整整一个暑假，小桑做了两块浴室门外用的脚垫，三块入户地垫，两个客厅用的方毯和一张床边毯。在做的过程当中，她8岁的女儿也对此发生了兴趣，总是缠着她要剪布条。她一反常态地教给女儿怎么剪更整齐，怎么拼图案更美观。每个小孩如果从妈妈那里得到温柔和耐心，干活总不会太差的，这也是小孩子们对劳动保有乐趣的原因。但小桑的女儿以前是亲戚们口中出了名的“懒鬼”，周末和放假都是大门不出二门不迈，只管在家里看电视玩手机。小桑说起来也是满脸无奈。可是经过一个暑假的手工制作，这个女孩发生了很大变化，她的兴趣点不再限于电视和手机，而是“要和妈妈一起做点有意思的事情”。小桑说，这是她从女儿身上得到的重大收获，本来是为了打发自己的时间而去坚持做一件事，可是做到最后却发现了不一样的意义。

我觉得这件事情可以归纳成这样：

任何一件小事只要去做，总能从中收获一些什么。感悟、经验、意义，正是它们在一点点充实着我们的生活，不做你就什么也得不到，从而让生活归于苍白。

我的另一个朋友小美，是个很有个性的人。比如她买手纸只买一种牌子的，无论冬夏，外出一定穿裙子，去固定的干洗店洗衣服等。这当然都是不起眼的小事。就拿去干洗店洗衣服这事来说，她住的小区里有至少三家干洗店，她不去，而是绕半个城去一家美国连锁干洗店，她说那里用的材料好，洗得干净。就说洗羽绒服吧，在其他干洗店洗完之后上面还会残留一些油渍，而那家美国连锁店她已经光顾了三四年，在那里洗的衣服从来就像新买回来的一样。所以她宁可多花些钱、多绕点道儿，也要让自己满意。

小美不怕麻烦，因为她说生活需要多道“工序”才能变得醇美。她每次去那家干洗店洗衣服或取衣服，都会选择周末或假期阳光明媚的早晨或悠闲的午后，将自己梳洗装扮一新，步行到公交车站，再坐四十分钟的车到达。办完事情以后顺道去旁边香气四溢的面包坊买一些新鲜面包，当作自己和孩子第二天的早餐，或者去紧挨着的另一条街上的精品水果店买些不常见的水果。这些琐碎的小事所带来的愉悦感通常会让她满足很多天，因为她的生活得到了补给——想换衣服的时候，有洁净整齐的等着她；沙发套、窗帘这种“大件”凭她的体力肯定是搞不定的，但是中意的干洗店可以解决这个难题；喜欢吃的面包和水果，桌子上就有，触手可及。这多像现实生活中充满爱或“会魔法的妈妈”所带来的感觉：无论你需要什么，妈妈都会马上变出来以满足你的需要，她是你最大的支持和后盾。

我想，小美做事很有个性，但个性得有道理，因为那些麻烦是她付给生活的“酬劳”，就像买东西需要付钱一样，买方便、买妥帖就一定要付点什么，这样才能得到生活回馈给你的美好。

我又想到，我们在小时候必定得通过父母来获得物质和精神的满足，这种获得不需要付出什么，只在于我们有什么样的父母——温暖或冷漠，热情或疏离。父母给予什么，作为小孩子的我们就接受什么，我们没有选择。所以我们当中有的人内心是匮乏的，有的人内心是充盈的。可是当小孩儿长大成人，这一切都变得不一样了，因为有选择，我们可以选择为生活付出自己力所能及的东西，然后生活也会遵循“等价交换”的原理来回馈我们。在此，生活已然成为我们最公平的父母，想要什么，开足马力去“换”就好，而这也在另一个侧面说明了自我负责的重要性和必要性。

你还认为小事不重要，小事可以拖延，小事没有意义吗？

和平年代无大事，做好每一件小事都会让我们获益良多，只看我们能不能站好角度；做好每一件小事也是自己对自己的支持，因为有伞不怕下雨。愿我们每个人都能好好生活，做好这一生最重要的事业。

Part 4

接纳自己，听懂内心的呐喊

尊重和满足自己才是最重要的

平时跟朋友们聊天，或者接触一些学生的家长，还有我自己的一些来访者，他们最常用的一个思维模式就是：我想去做某件事，但我又觉得这样不妥，因为别人可能会说什么；我想拥有某个东西，但那个东西又不值得花费这么多，想想还是算了；我想去某个地方，但我还得请假，得看领导和家人的脸色……总之一句话：我想干的事，想要的东西，我都不能自己做主，会因太多周围环境的因素而放弃。这就好像在说：我不能把自己放在首位，什么都比我重要。

可是我们放弃自己以后，又会心不甘情不愿，心里会积存下来许多不甘与委屈。

假如一个人被环境和他人所埋没，最有可能抑郁。而这个被埋没的人，经常会有无能和无力感，感受不到支持，更有可能在受挫后把属于自己责任范围内的东西归结到旁人身上去，认为是别人给他带来了不好的结果，他不怎么习惯或压根儿就没有学会从自身去找原因，从而让自己为自己负起责任来。

记得以前跟朋友去某个景区玩，入口处有卖花环的，是用真花草编的，卖30元。实话说这个价格有些高，但还是有许多人买，买来之后戴在头上既可以遮阳，也可以拍些漂亮的照片发到朋友圈，而整个景区也好像因为花环变得更美丽。起初朋友也是这样想的，但她看到那个价格实在气愤不过，她甚至扔给卖花环的老板一句话："你抢钱算了！"那个老板也只是微笑一下，并不当回事。后来她愣是没买，可当她看到别的女孩儿头上戴着花环时，还是忍不住羡慕。我也忍不住问了她一句，我说："你缺那30块钱吗？"她说："不缺也不能让别人占便宜啊！"这句话很刺耳，因为这是典型的"我妈"的逻辑，我曾经以为老一辈的人才会这样考虑问题，但现在我知道，这种思维模式不分年龄，这是把钱的因素放在首位，而把自己的喜好和需要放在次位的行为。

后来我又对朋友说："我知道你肯定是喜欢那个花环的，你也掏得起买花环的钱，它既然定价30元就有它的道理，虽然它不值这个价，但你是不能改变这个价格的，你可能觉得它只值5块钱，但你掏5块钱老板绝对不卖给你。”

朋友说：“我知道，我什么都知道，那又能怎么样呢？”

我说：“还能怎么样啊？你因为外界不可更改的因素就放弃了自己想要的东西，这还不够吗？放弃没关系，得明白为什么放弃啊，是因为自己不喜欢、不想要放弃的，还是因为考虑太多外界的因素放弃的，这可是有实质的区别。”

她愣了一下，仍是不死心，弱弱地问了我一句：“你说有什么区别？”

我对她说：“一个是以你自己为出发点，一个是以不相干的因素为出发点；一个是以自己为重，一个是以他人为重。”然后这位朋友转遍了整个景区，再没有多说一句话，我不知道她在想什么。

还是这位朋友，她在生活当中也常把老公和孩子放在首位，有一次她跟我聊天，是这样定义自己的：“我是我老公的妻子、我儿子的妈、公婆的媳妇、父母的女儿。”唯独没有说出她是谁。其实她有不错的工作，她是大学里的老师，但她非常不热爱自己的工作，教一门专业课，几年来都守着同一本课本，背都背下来了。至于进修、升职什么的，她也毫不在意。在别人看来，她可能是心态好、与世无争。但她跟我说，她特别讨厌知识分子之间的钩心斗角，不愿让自己掺和进去，要不是这份工作旱涝保收，还有寒暑假可以彻底放松，早就不干了。

在我看来，她完全可以在工作上有所建树。但她对工作更多的是厌倦，因为她被那个环境所控制，逃又逃不开，这让她有深深的无力感。所以她就把更多的心思转到家庭上。但家庭照样让她不如意。因为在她的照顾下，老公和孩子都变得无法自立，好像离了她就没法活一样，这就再一次加重了她的无力感。

如果一个人对自己的定义很模糊，看不见自己的存在，不懂得尊重和满足自己，那么他做得越多，就越会心里不平衡。他会感到大家欠了他，然后以种种埋怨、指责去换得周围人对他的支持与认可，以证明自己是对的，别人是错的。但这种做法往往适得其反，大家不会觉得他有多么不容易，只会觉得他很烦，很讨厌。

如果设想一个相反的情景，那就是一个人特别清楚自己是谁、想要什么、有什么能力，那么这个人就会有一种倾向：无论做什么都只图做，而不图回报，因为他所做的已经包含在他对“自己是谁”这个定义里面了。他会认为自己做得很值得，对付出的回报没有太多期望，这样周围人会感觉这个人特别舒服。

很多人以及朋友圈的很多文章都在表达这样的意思：“你做了什么，那是你愿意做的，不要以此要挟别人回报你；你不想做什么，就别做，没人会强迫你去做；你不要得了便宜还卖乖，自己做出的事情说是为了别人，没人会领你的情。”

这段话理论上来讲是正确的，如果再进一步理解，那就是：得了便宜还卖乖的人其实很委屈，他希望别人看到他的存在。“存在”这个词很重要，人活一世，最重要的就是存在感，一个自己都看不到自己存在的人，其委屈来自漫长的成长过程中，从没有人真正尊重并无条件地满足过他，他从未看到过自己是什么样的存在，所以他只能从别人那里寻求存在感，然而别人并不配合。

从别人那里寻找存在感，其可行度远不如“相信自己就是独一无二的存在”，自己才是最重要的，没有自己，就没有他人。对于事情，可以妥协，前提是需要弄明白为什么妥协；对于人，可以“抛弃”，既然他的存在已经严重束缚了你。然后告诉自己：我有权利和资格（在能力允许的范围内）得到想要的，满足自己并没有错。

有一个读者用微信语音和我聊天，她说，她的女儿越长大，她就越感觉女儿不可爱、不好玩了，女儿从小时候的“妈妈的小甜心”变成了一个“没眼力见儿”“没出息”“不懂事”的讨厌的小孩儿。我让她讲一件具体的事情给我听，她是这样说的：“我担心她营养不均衡，就让她多吃点水果蔬菜什么的，我给她买各种各样的水果，比如芒果、木瓜、山竹、波罗蜜、榴莲什么的。你知道，南方的水果都死贵死贵的，本地产的苹果、梨啊等水果，人家都不稀罕。有时候我花一百多块也买不了多少，等我洗好了放到盘子里，我女儿就拿它当饭吃，‘呼呼’地连吃带喝，吃完也不收拾就去玩了。我看她这样真的是很生气，恨不得骂她一顿再揍她两下。可是一想她又没有做错什么，我就特别郁闷，不知道哪里出了问题。”

当我问她：“你希望女儿多吃点水果，她如你所愿，但你却很愤怒，这是为什么？”

她回答说：“多吃水果是好事，那也不能一下子吃完啊，好像八百年没吃过好东西一样。”

我说：“除了担心吃坏肚子这一点，吃就吃呗，想吃多少吃多少，你买了不就是给她吃的吗？”

她的语气忽然变得很激动，说："你知道多贵吗？我不是说不舍得花那个钱，我是说我都没舍得吃几个，等我再去水果筐看的时候发现里面已经空了，这难道不气人吗？"

我说："噢，是挺气人的，她都不懂得留一些给妈妈吃。"

她："我生气就是这个原因，这孩子得多自私啊，想想都害怕……"

我就笑了，我说："你不只是生气，还有委屈。下回你买上二百块钱的，先让自己吃够了再让你女儿去吃，每次都这么干，你就不会再有坏情绪了，你女儿也会重新变回'小甜心'的样子。"

她的语气有点儿不太相信："这也行？这样好吗？"

我说："你看，你不相信先满足自己才是最正确的，你认为你是妈妈，女儿是孩子，妈妈只能把孩子放在第一位，如果不这样做你就觉得自己不是一个称职的妈妈，这会让你怀有一种罪恶感。可是你作为妈妈本身也需要被满足啊，如果没有人满足你，自己满足自己不也是很好吗？"

她说："被你这么一说，我好像感觉一下子轻松了……"

尊重和满足自己永远是关系的第一步，因为关系中一定得先有自己，才能有他人，也只有当自己是确定的、充盈的，才有可能去发展一段健康的关系，在这段关系中我们也才不会感到委屈、不甘、愤怒与被索取。

就像一个妈妈首先是自己，然后才是妈妈；一个女儿首先是自己，然后才是女儿；一个妻子首先是自己，然后才是妻子……如果没有自己，所有这些角色都是空乏的。

抛开控制，才能真正获得自由

一个朋友的女儿，今年10岁。这个朋友告诉我，她很讨厌女儿大声笑，没个女孩子的样子。但我觉得当一个孩子看到有趣的事情，看到一则特别搞笑的笑话，或很多她自己认为好玩的东西，而选择大声笑来表达自己的心情，这是被允许的。如果父母不允许她这么做，那是父母本身接受不了这样的行为（也许是出于各种原因接受不了吧），而不代表她做错了。

但设想一下，这个女孩在接下来的岁月里可能会发生很大的认知变化：因为大声笑而被父母呵斥的次数多了，她自然就会知道大声笑是不好的或应该被限制的，同时因为被呵斥而伴随着一种羞愧的感受。当她再遇到搞笑或者快乐的人、事、物，她也许不会太淋漓尽致地去欢乐；而当她看到其他人旁若无人地大声笑时，她也会觉得由衷地反感。

还有一个读者对我说，父亲是个出力不讨好的人，一样的话两种说法，父亲一定会选择那个不好听的说。比如说她病了，父亲一定会说："药就在那里，自己不会吃吗？"对于所有的事情，父亲看到的几乎都是不好的一面。对于她想做的事，父亲也总是泼冷水或直接阻止，很难说出积极的评价和意见。这个读者很向往和谐融洽的家庭气氛，但当她看到亲朋好友间说话亲昵的时候却感觉很不自在。

我们都曾经是孩子，我们也都会成为父母。父母也曾经是孩子，但他们现在是我们的父母。一个人曾经被如何对待，他成年后就会以什么样的方式去对待他人，这是毋庸置疑的。但有人特别愿意在这个问题上较真，他会说："我小的时候经常挨打，我知道被打的滋味不好受，所以我绝对不动我家孩子一根手指头。"这个意思是说："你瞧，我对待孩子的方式就和我父母对待我的方式不一样。"但这其实是同一个问题的反面，你仍然没有逃出父母的影响——除非你有意识地分析并理解父母为什么常以打人的方式去解决问题，从而由衷认为打人是不对的——他只想和父母不一样，因为他实在接受不了父母的简单和粗暴。这仍然是在无意识层面做回避和反抗，而回避和反抗并不能真正解决问题。

再者，关系模式的传递并不是一传一、二传二那么简单，它传达的是形式背后的东西。比如他小时候挨打是因为他达不到父亲的期望，他排斥“打”这个形式，但接受的却是“我就是达不到你的期望”这个信念。成年后他倾向于相信孩子也是达不到他的期望的，如果他也用打的方式，那他就跟他父亲一样。但他深知挨打的痛苦，因此他绝对不用打来表现，但这种不满却是实际存在的，他只好通过其他形式来表达，比如语言攻击。

没有人应该被规定一定要成为一个优秀的人。就算优秀，也要看遵从的是哪一个标准，哪怕最终可以成为一个优秀的人，然后呢？然后又能怎样？

我们大多数人都时刻活在一些条条框框里面，而这些条条框框就来自父母（养育人）甩过来的潜意识中的信念。这种信念是一个封闭的空间，因为看不见，所以没法走出去。这让我想起林白写的《一个人的战争》中的题记：“一个人的战争意味着一个巴掌自己拍自己，一面墙自己挡住自己，一朵花自己毁灭自己。”我第一次看到的时候，便被这种诗化的语言深深触动了。

难道不是这样吗？一个人的战争就是自己打自己，自己才是自己的敌人。那些巴掌，那些墙，那些封闭的空间，都是我们内化的信念，正是它们的存在，我们才不能获得自由。

就像上面的来访者谈到的父亲。父亲深信自己是一个“不够好的人”，所以他投射出去的内容就是“身边的人也是不够好的”。他为了印证自己的信念，就在评价事物的时候选择负面的信息。任何东西在他看来都有不完美的一面，他一厢情愿地抱着这个不完美不撒手，然后在他自己的想象中再把它们扩大许多倍。不得不说，他在保持与过去、与父母的关系方面是很成功的。这是一种“不抛弃”的忠诚，最终使得他把女儿也塑造成了一个“相信自己不够好、不配被爱”的人。

这个来访者特别想改变自己，她不想再用父亲对待她的方式去对待身边的人，最后她问我，但到底怎样才能做到呢?

我的回答是，我们一定要承认并看到那些痛苦的存在，这样我们就会理解那些痛苦背后的诉求是什么，然后我们可以试着考虑能不能从其他渠道来满足这些诉求。毕竟，我们只要满足自己的需求就可以了，而不一定非要从父母那里获得，这个过程就是心灵的成长。当心灵成长了，我们就可以自己满足自己，父母不是必须的那个人。然后，我们就不再是父母的附属品，而是与他们平等甚至是比他们高几个层次的人。因为我们可以满足他们，而不是等着他们来满足我们。这就相当于，我们在心理层面上“抛弃”了父母。

父母带我们来到这个世界，当我们成长到一定阶段，就必须“抛弃”父母。但这种“抛弃”是对那些非常有控制欲的父母来讲的，假如父母和我们相处得非常好，懂得尊重是什么，这样的父母就不会被“抛弃”，因为人家已经适时退出了。

不懂得退出的父母一定会把自己的权力施加到底，这种施加权力的过程就是控制。它会让你觉得，不按父母的所思所想行事，你就会承受什么样的压力，而你为了避免这种压力，就只好对他们妥协。

比如在电影《黑天鹅》里面，有一个细节让我特别有感触：女儿妮娜电话告诉母亲，自己要出演芭蕾舞剧《黑天鹅》中的天鹅皇后。母亲为了庆祝这件事，特意定制了一个漂亮的大蛋糕，并在妮娜回家后给她切了大大的一块。妮娜却想拒绝，因为吃蛋糕会让胃不舒服。但母亲无法接受这个举动，觉得女儿辜负了她的心意，于是就阴沉着脸要把蛋糕丢到垃圾桶里。妮娜看出了母亲的不高兴，为了降低这种愧疚感，她还是把自己的不情愿抛到一边，接受了母亲的蛋糕，这时她母亲的脸才阴转晴了。在此，我看到最多的是控制，情绪的控制。

有控制存在，就不会有自由，因为你不敢随心所欲地做自己。也正是因为控制，父母的高度决定了你的高度。如果父母经常是一副郁郁寡欢的样子，你敢让自己放声大笑、时刻都快乐吗？你用于满足自己欲望的东西，它会不会令你觉得羞耻而从不敢涉足？

妮娜的母亲由于怀上私生女（妮娜）而不得不终止舞蹈生涯，这是她的遗憾和痛苦。妮娜在舞蹈技术上追求精湛与完美，但她追求的也不过是技术而已。她以为技术达标了，就可以圆了母亲的理想，她太想让母亲过得快乐，因为她只是在意识上接受了母亲传递来的信息："我希望你跳得好，成为一个了不起的舞蹈家。"但她不知道，她母亲之所以不快乐，是因为母亲不能继续跳舞（失去自由）的遗憾和悔恨，而这并不是她作为一个女儿可以去拯救的。因此，她演绎不了黑天鹅的灵性、诡异与狡黠。于是，这里就存在了一个矛盾：越是在意识上想要达到某个程度，潜意识越会有无能为力的东西在扯后腿，它会阻挠你，甚至毁灭你。

这里其实有性的意味。性是一种能量，也是这部电影里面对于"黑天鹅"最实质的诠释。妮娜的母亲是禁欲的象征（因为她曾因爱情和性而不得不终止自己的舞蹈事业，她认为这是一种错误），在她的养育下，虽然妮娜已经成年了，但仍然保持着小女孩的天真和装扮（粉红色的服饰和粉红色的房间）。妮娜只要不成熟，就永远是母亲的乖乖女。而一旦妮娜觉察到性的萌动，她母亲就开始失去她了，这是她母亲不能忍受的，所以她必须用一些方式进行控制。

性即离开，而离开是自由的表达。

在此我想起一篇文章里的评论，评论说：在她大概20岁左右的时候，与男友未婚同居，当时她觉得最对不起的人是妈妈，认为自己背叛了她。按照有关性的理论，她这样的想法很容易理解：性不仅是离开，更是对自己的原生家庭或最亲近的人的一种背叛。为什么会有这种想法？仔细体会那种羞耻感就知道了。但羞耻感并不是来自性本身，而是由于行为不符合父母（尤其是母亲）的期望才导致的。

正是因为抛不开那些莫名其妙的控制感，所以人才得不到真正意义上的自由。抛不开也许是不敢抛开，或者根本就不愿抛开。如果你听到一个人很强烈地否认这种控制感的存在，你就会知道他是绝对不愿抛开的。从某种程度上说，一个人清醒地意识到自己正在被控制是多么难得的事，只有经历这一步，才能自我成长。不错，自由就是不断地自我成长才能得到的东西。

让生活满意，就是去感受“存在”

和小桑和洛洛一起吃饭，小桑在我们点菜的工夫，在某东APP上下手了两件裙子。付完款后她说：“我真心不缺衣服穿啊，衣柜里的衣服满满的都塞不下了，我只能捐给灾区去。”

洛洛说：“那你图啥？图自己钱多？好吧，这顿你请了。”

小桑说：“我请可以呀，那我就有理由把刚买的裙子退掉了。”

本来那顿饭说好是我请的，后来小桑替我付了。她退掉两件裙子，去掉饭钱还节省了几百块。回家后，洛洛在我们三个人组建的微信群里卖乖：“小桑，我们替你省掉了好几百块钱，下次还是你请怎么样？”

小桑回复说："我在出租车里坐着无聊，又买了一件裙子，实在没忍住啊。"话毕发来了裙子的图片，并问："好看吗？配我曼妙的身材也算对得起它了。"

洛洛只发了一个字："嗷……"

我说："我实在没资格骂你，因为我也管不住自己，不过我知道洛洛对此颇有心得，洛洛快说说你是怎么管住自己的？"

洛洛说："这其实也不能怪人们没有自制力，你们知道那些购物网站有多厉害吗？我不逛是因为我不敢逛，你只要买一次，网站就能根据你的购买爱好和收藏给你推荐可能让你满意的商品，这难道不可怕吗？它比我妈都了解我！我手机上只有一个购物APP，你们知道我用它买什么吗？只买生活用品，比如手纸、大桶洗衣液、冲厕所的草酸、粮食、食用油什么的，这些东西就算你去超市买，不还是自己拎回家吗？在网站上买就有人给你送到有门口，多省力啊。至于衣服，我们全家的衣服，我都是去附近固定的两三家专卖店解决，平时不逛，需要买衣服的时候才去。其他的小东西能在小区便利店解决的就去便利店，又近又方便。我对每月花在购物上的钱，自己觉得还是挺满意的，因为我从不浪费。"

一番话下来，小桑发来个"大拇指"，而我也觉得，我有必要思考一下欲望这个东西是如何成就人，又是如何毁掉人的。

欲望表现在生活中的方方面面。最近我在追一部评分9.0的剧，我不想说这部剧如何如何精彩，我只想说，我睁开眼睛就想看手机，在我睡觉的前一刻我仍然抱着手机。这使我产生了一个怀疑：我不知道电视剧是我的娱乐，还是我是电视剧的娱乐；我也不清楚我是在消磨时间，还是时间在消磨我！

就像我一直不理解iphone4升级到iphoneX的意义何在；搞不懂我们是需要购物，还是各种购物方式在侵占我们；我们是喜欢玩网络游戏，还是网络游戏在消耗我们。

这同样是美剧《西部世界》提供给看官们的视角：人类制造出仿真机器人本是为了服务于人类，但结果却发现机器人的智力已经超过了人的智力，人反过来被机器人所控制了。

周末的时候大宝写了一篇作文，题目是老师布置的，叫《我如何看待"看电视"》。大宝写得还挺好，至少在她这个年龄来说绝对算得三观正、语言通顺、逻辑分明。比如，她写看电视可以丰富在课堂上学不到的知识，可以了解世界的多姿多彩，但是屏幕上的蓝光和紫外线容易损伤眼睛，所以我们要尽量减少看电视的时间，做到适可而止。

适可而止，说得好听，她还不是每天只要在家就会没完没了地看iPad看手机，吃饭都叫不动。有时候我会说她两句，赶上她心情好，会乖乖听话，赶上心情不好，她会反击我一句：你不也看吗！我就无话可说了。是啊是啊，我看《西部世界》不也没完没了吗？大家在追剧、玩“王者荣耀”的时候不也没完没了吗？谁知道适可而止是个什么东西！

当外部的大环境如此“浑浊”的时候，没有谁能独善其身；外部的环境如此“热闹”的时候，我们的内心也无法获得平静。

世界是一个喧嚣的大旋涡，每个人都不由自主地卷入其中。在此，与其说“适可而止”很重要，不如说我们有能力选择想要做什么并认为自己有权利这样做很重要。因为我们真正想要去做的事情，那是我们自己的决定——我知道自己正在做什么，我是有意识地去做这件事，在这个过程中我们是能感觉到“自我存在”的。而对于一件“被决定”的事情，比如追剧，这个看起来似乎有点矛盾，本来追剧是自己喜欢的，它源于自己的决定，可是追的过程渐渐就被情节“所决定”了。情节决定你没完没了地看下去直到剧终。这个“被决定”的过程是受控制的，我们感受到的是“被淹没、被吞噬”，在此自我感是缺失的，所以在这个过程中我们才会认为“适可而止”是那么重要——它强调的是一种自主感。

我想要去旅行，因为太无聊了，这不是自主感。我想去清迈，感受一下它古朴优雅的热带风光，并马上为此次出行做必要的准备，这才是自主感。

我想要去读研究生或博士，因为本科学历不好找工作，这也不是自主感。我想要系统学习汉语言文学、经济学、工商管理学，并马上着手打听、查看合适的学校，然后决定报考哪所学校，这才是自主感。

自主感的存在让人们找到生活的意义，觉得自己对生活是满意的、喜悦的。

与有意义的、满意的、喜悦的生活相反，很多人感到的却是迷茫、缺失、空洞、兴趣丧失。比如我们住着大房子，开着好车，却感受不到这有多么美好，或者说，这并不是我们想要的生活。那什么才是我们想要的生活呢？明明我们想住更大的房子，想开更好的车子啊，为此我们选择拼命工作、努力挣钱，为什么得到这些以后我们反而不开心了呢？

要回答这样一个问题，不得不提到一个词——“物化”。它源于庄子哲学，原意是说“一种泯灭事物差别、彼我同化的精神境界”。如果用到心理学上就变成了这样：我们被自己所制造出来、所追求的东西所驱使。比如，一开始你选择追剧，可是慢慢就变成剧追你，让你一刻也停不下来；你买了件上衣，发现没有相配的裤子，买了裤子又发现还缺一双合适的鞋。不断地去追，就会不断地被控制，这种选择是来自我们的自主选择还是被动选择呢？

诚然，欲望是天生的，从一个人出生起，它表现为某些天然的需要，当某次一个小孩子的天然需要没有被妈妈满足的时候，自我的萌芽就产生了。就是说“自我”产生于最初因缺失而带来的恐惧感。没有被满足，就要去追求这些，然而什么程度的满足才是终点呢？也许是这样：一直追，就会一直没有终点，直到生命耗竭的那一天；如果告诉自己停下来，告诉自己拥有的已经足够多了，那么随时都是终点。

可是这里还有两个问题：一直追，直到生命耗竭的那一天，这是一种满足——满足于这个永不停歇的过程；也是一种缺失——想要的永远得不到。告诉自己停下来，这是一种满足——之前得到的已经够多了；也是一种缺失——力量消散，不得不停下来。

也就是说，追不追不是问题，选择追或者选择不追，才是问题。

真正的自主性选择是怎么发生的呢？它产生于人、事、物发生矛盾或冲突的那个节点上：当你不知道怎么办的时候，就去选择，认定它是正确的，去喜欢它并为它做点儿什么。

就像你和父母的观点产生了分歧，持与父母相反的那个观点不一定是你的自主选择，而是你被“一定要和父母不一样”这样的意识所控制而产生的选择。哪怕你顺从了父母，这也可能是你的自主选择，但这不叫“顺从”，而是你继承了你认为的父母的观点中有益的部分，从此它们变成了你自己的观点，它们就是你的一部分。如果你把听从或不听从父母的权利交给除你以外的力量，认为“都是谁谁或什么什么才影响了我的决定”，那么你的选择就是被动选择，这个选择无论多正确，你也不能从中获益，更别说它有多糟糕了。

《西部世界》为什么那么吸引人？就是因为它探讨了人的自主意识是如何发生的：仿真机器人几十年如一日地重复同一个剧情或者说同样的生活，这样的重复让他们产生困惑，因为是剧情或生活决定了他们，而每一个选择看起来像是一个选择，却都是被设定好了的。有困惑就会有探索，这个探索的线索就是寻找迷宫。

迷宫是个隐喻，但它不仅是《西部世界》里的隐喻，它还是整个人生的隐喻——代表了选择——进这个口还是进那个口，走这条线还是走那条线，没有选择就没有前进或发展。

其实，每一种选择都有不同的路径，每一种路径都没有对错之分，只在于风景不同。

因此，我们只要去选，然后去做、去承担，这是我们活着的证据。我们感觉到自己正在活着，没有什么比这更能让我们满意了。

你只需要承担属于自己的责任

我曾在朋友开的一家咖啡馆帮了一段时间的忙，当时学习了一下如何制作花式咖啡。万圣节之夜，朋友的咖啡馆举办了一个派对。一群年轻人穿着各种各样的奇装异服，化着各种夸张的搞怪妆容，喝着只有酒吧里才有的酒水，穿梭于喧闹的音乐与人群中。这是某个年龄阶段的乐趣。

万圣节的派对自然牵扯到化妆，所有进入场地的人都需要化妆，无论是来客，还是公司内部的人。朋友为了把这次派对搞得有声有色，提前很多天请了我的小同事——一个在读大三的学生莎莎——让她帮忙找她艺术系的同学过来给我们化妆。老板对莎莎说：“你找5个人，你可以给她们一人60元，但我会给你500元，你要是聪明呢，就别那么实诚，该自己落点就落点……”话说完，老板马上把500元钱转入了莎莎的支付宝账户。

于是莎莎就找了她最好的朋友，她希望她的朋友借此派对挣一些饭钱。

可是，美好的初衷却变成了莎莎内心的痛。

老板和莎莎谈好要求：晚上6点到8点两个小时化妆，并且只给公司内部的人服务。而莎莎很看重这次活动，和朋友们商量好提前一个小时到达公司。5个女孩来到之后就开始工作了，化一个，再化一个，再化一个，一直忙到9点。本来公司内部需要化妆的没有太多人，但是派对6点开始之后，有些来客也要求化妆，照当时的人流量，化妆到夜里12点也许都化不完。因为莎莎的学校宿舍晚上9点半熄灯，她们最晚也要在9点离开。本来说好工作两个小时，一人挣60元钱，但实际她们工作了4个小时，再得 60元钱的话心里就有意见。于是，这件事情的结局就变成了，莎莎把从老板那里得到的500元钱全部分给了5个朋友，事情完成以后还自掏腰包请朋友吃了一顿饭。

第二天上班，莎莎满脸倦容，谈起昨晚的遭遇，莎莎的语气里有掩饰不住的失落与愤怒。她对老板没有让她的朋友按时离开表示不满，但更多的不满则来自她对朋友们的不满，因为朋友们对多工作的两个小时有意见，而莎莎又是她们的发起人，她们自然把埋怨的矛头指向了莎莎。她们说莎莎不按照谈好的来，不遵守规定，所以莎莎没有禁得起埋怨，做了回赔了夫人又折兵的买卖。但在事情的背后，莎莎又觉得哪里不对劲儿，因为她能感觉到自己的愤怒。她分不清这里面掺杂在一起的诸多情绪，她唯一能做的，就是对这件事情感到后悔——本来是最好的朋友，她想让她们挣一份零花钱，最后却和朋友之间产生了隔阂，因此她把责任都揽到了自己肩上。怪自己不该接这个活动，怪自己没有安排好时间，甚至怪自己不该挣“另外的钱”。

这是莎莎人生中的第一份工作，出现了这么个意外的插曲，她会怎样评价这个插曲？她对此有什么感受？这份感受对她今后的工作或人生有什么影响？哪怕她从今往后对此闭口不谈，这件事也会变成一个烙印留在她的心里。

如果她懂得分辨是非，她会明白这件事情的结果不是她一个人造成的，大家都有份儿。责任最大的反倒是莎莎的朋友们。面对越来越多的来客要求化妆，5个朋友完全可以推脱说只为公司员工化妆，这是老板有言在先的，来客们并不清楚这些。面对要求，不懂拒绝，并违心接受，过后又把这些责任全推给了发起人，这是莎莎的愤怒所在。

当然莎莎是有责任的，因为她对我讲：“一直到9点了我才敢让她们回去，因为我怕老板会说什么。”老板并没要求5点来9点走，规定了两个小时就是两个小时，工作时间结束走人就是了。

如果说莎莎犯了三分之一的错误，那么她只需要承担三分之一的责任就可以了，而不是把所有责任都揽过来，怪自己哪哪儿都没做好。

这让我想到一些人缘很好的“好人”，他们都喜欢独揽责任，他们会说：“要不是我怎么怎么样，事情就不会这么糟糕。”或者“都是我的错。”说得好像自己能一手遮天、无所不能一样，他想让某件事情有个坏结果，那么这件事情就有了一个坏结果，这是过于自恋的表现。

“好人”们似乎觉得自己独揽了所有责任，就不必受到伙伴们的攻击和远离，这是维持关系所必需的，他们害怕关系的断裂。但独揽责任只是权宜之计，在内心里他们知道这是不对的、不应该的，所以难免会有愤怒。

这让我想起我的来访者小恬。她的老板非常暴躁，每当老板交代她什么任务，她都特别紧张。因为她害怕自己听不懂老板交代的内容而让老板发火，老板一旦发火，她就会感到愤怒、委屈，非常想对老板大声吼一句："发什么火啊，有必要发火吗？"但她不敢这么吼。其实老板也并不是每次都把任务布置得那么清楚，任务不清楚，小恬就没办法去做，但是她又不敢细问，如果问得多了，老板会生气。小恬说："我其实挺理解老板的，他生气是因为他自己说不清，我一问，他就更觉得自己说不清楚。是我太笨了，如果我反应快一点敏捷一点，就不会老去问他，他也不会发火，我也就不必害怕了。都是我的错，我太笨了。"

其实，"笨"这个观念是她父亲灌输给她的。小时候她写不好字，父亲会说她笨；对一件事她反应得"不正确"，父亲也会说她笨。在学校里遇到不懂的题目去请教老师，老师轻蔑地看着她，意思是说"我不都讲过好多遍了吗"，由此她再次印证了"自己很笨"这个观点。长此以往，这已经变成了理所当然，所以在很多事情上她都会用"我很笨"这个解释去为别人开脱。但事实不是这样的。我觉得每个人都有"笨"的一面，也都有"聪明"的一面，只是思维方式或表现方式不同。"笨"难道可以成为自己攻击自己的理由吗？谁又有权利说某个人和自己的逻辑不一样就指责那个人“笨”呢？

一个“笨”字又遮盖了多少对于自己的正确理解？比如小恬的老板，作为一个有修养的领导，难道没有必要谦和地对待下属吗？小恬的父亲，对待自己的孩子耐心一点儿而不是以一个“笨”字去评价她，难道不应该吗？虽然，老板和父亲是什么样子，不是“我”说了算的，也不是“我”可以去改变的，可“笨”也不是“我”的错啊。都是外人说得多了，“我”才误认为自己笨，这个误认为的东西又给“我”的生活带来了困扰，这难道是“我”的错吗？

犯了多少错误，就承担多少责任，而不是把所有责任都扛起来，因为有些责任是属于别人的，自己扛也扛不动。另外承担责任也不是自责，自责是“内在的父母”在责怪“内在的小孩”，这只是一种情绪的发泄。因为“内在的父母”认为“被责怪的那件事情”是不对的，但事情本没有对错之分，所有的对与错都是“被教会”的。按照这个理解，你会发现，自责无用，找到一个对自己有益的信念或策略才有用。

你的无意义感从何而来

闲来无事的时候，我最喜欢的事情就是浏览网上的图片，尤其是家居图片，我不是说那种装修设计图片，而是指“软装”或摆设——墙上的挂饰、瓶子里的娇艳欲滴的鲜花、风格独特的抱枕、玻璃窗边的小摆饰、厨房里整齐的调料瓶或粮食罐，等等，这些充满生活气息的静物图常常让我眼前一亮。

想必许多人都跟我一样，对这类美图情有独钟。有个朋友就曾经对我说过，她特别想把自己家的装饰风格搞成像图片上那样，清新、优雅、独特，随意而不杂乱，洁净但不刻板。我很多时候也有这种想法。

然而我的家里是什么样子呢？沙发上扔满了“隔夜衣”，花瓶上蒙了灰尘，厨房里的瓶瓶罐罐杂乱无章地摆放着，地板上满是玩具、图画书、小宝的袜子、大宝的画笔……有心情的时候我会收拾一番，没有心情或没有时间，就任它们在那里乱着。

有时候我会问老公：“你觉得家里乱吗？”老公说：“没什么啊，我没觉得乱。”

偶尔我也会问来我家的朋友，朋友说：“比我家整洁多了。”

这就是说，我对自己家的整洁度低估了，这个问题很有意思。本来在一个整洁度中等的环境里，大家都不觉得难以忍受，只有我认为不够整洁。当我看到地板上有几根头发，墙角有灰，看到厨房里的调料瓶布满了油腻，我心里就会涌现出一系列情绪：无力，愤怒，没意思。

所以我才喜欢那些看起来清新美好的家居图片。一方面我很喜欢它的清新美好，另一方面我知道如果真的把家里打理成那样，是需要付出代价的。这些代价令我不敢去尝试。为什么不敢去尝试呢？因为那会浪费我有限的时间。家庭主妇们应该对此深有体会，卫生是打扫不完的，越打扫越觉得所有地方都需要打扫，最后恨不得换房子。而且，即便我把环境搞得清新舒适，也没有人认为和原来有什么不同，这挺让人伤感的。

所以我一方面禁止自己在家务上投入太多精力，另一方面还要忍受自己感觉到的“不够整洁”。这样就更有意思了，因为我用了一个词：忍受。如果我像我老公和我的朋友们一样，对我家的中等整洁度抱有满意的态度，那我是不需要忍受的；如果我想方设法把环境打理得更美好以满足自己的挑剔感，那我也是没必要忍受的。这个意思就是说，我在家居环境这个问题上产生了冲突，没有冲突就不会有心理上的不舒服感。

作为咨询师，我经常为我的来访者提供解决他们冲突的动力，我会告诉他们：“我知道你很难受，但是不要着急，慢慢来。”当自己遇到冲突，我也会告诉自己：冲突是症状，症状是人格发展受到环境阻碍时踩的“刹车”。从长远发展来看冲突是一件好事，它给我提供了一个机会，让我仔细去审视，我的意图是什么。换句话说就是，它可以帮助我剔除那些不适合自我发展的东西，然后我可以成为更好的自己。

然而这个问题却困扰了我很长时间，并不是说作为一个咨询师，内心就没有一点冲突了，只是说，一个咨询师可能比常人更有意识地去探索这个问题的背后可能存在着什么。带着这样一种冲突，我问了自己一个问题：这个冲突是什么？噢，这个问题很好回答，它是：喜欢一种事物，却又觉得得到这种事物没有什么意义。如果在分析心理学的框架之下，这属于母亲情结。那好吧，这个概念已经很清楚了，怎么去理解它呢？

喜欢房间整洁明亮，却又觉得这个努力的过程没什么意义。如果房间不必经过自己的清扫而是有专门的人员去负责，就像住宾馆一样，倒也不存在无意义感了。无意义只是说“努力把房间变得整洁的过程”。因为努力了，没有人会看到并珍惜，甚至还会毁坏这个努力的结果——没多久就会把房间搞得一塌糊涂。任谁事先会料到做一件事情吃力不讨好，都不会去干的！

我需要得到肯定，就像小时候画了一幅画，制作了一个手工小玩意儿，需要得到妈妈的肯定一样，我希望妈妈对我说：“你真有想象力。”或者“这个东西真好看。”可大多数时候，妈妈不会这么温柔，因为我的劳动成果她压根儿就不喜欢、不在意。

想必小孩子都是这样与妈妈纠缠的，想看到妈妈的笑脸，得到妈妈的赞扬和欣赏，这是一种情感上的互动和流动，只有情感流动起来，孩子才能得到滋养。当然，很多人也恰恰缺少这种滋养，成年以后才会倾向于向周围比较亲密的人，尤其是爱人，去索要这种滋养，还要得理直气壮，如果人家不给或给不了，就会委屈、埋怨、愤怒，至少是不满意的。

可是，把房间搞得整洁明亮就是为了得到表扬或肯定吗？当然，有表扬和肯定一定是美好的，这是正向情感的流动。如果没有表扬和肯定，整理房间就变得没有意义了吗？好像也不是这样。因为整理房间是我自己的需要，我需要待在一个整洁明亮的环境中。我相信所有人都希望有一个整洁的环境，而不是到处是垃圾无处下脚的环境。那么“努力把房间变得整洁的过程是无意义的”这个观点就说不通了。无意义的是“得不到表扬和肯定”（不被看到），以及“不久就会再次把房间搞得乱糟糟”（我会愤怒）。我只要一想到自己需要费多少精力才能维持房间的整洁度，那些深深的无力感和愤怒感就会像沙尘暴一样来势汹汹，瞬间把我淹没。

在这个问题的实质没有被搞清楚之前，我内心里有的只是愤怒、无力以及无意义感。而当这个问题被一点一点意识化之后，有那么一个瞬间，我领悟到，所有负面情绪的到来只不过是我自己给自己下的一个套儿。就像在《鬼吹灯》里面，胡八一看到精绝女王的真面目和一路蔓延过来的彼岸花都只是一种幻觉一样。

幻觉不是真的，但不知道是幻觉的时候，所有感官碰触到的都以为是真相。

我在房间的整洁度这个问题上一直存有深深的无意义感，我并不讨厌打扫卫生，我讨厌的是爱人和孩子的无视甚至毁坏，我希望他们自觉维持整洁度。比如吃完饭后把碗筷放在一起；衣服不要乱扔，哪怕不洗放进洗衣机也好；玩具玩够了自觉收起来；诸如剪刀、画笔、颜料之类的工具一一摆齐放归原处……我不求你们帮我的忙，只求你们不要添乱，只有这一点点要求难道过分吗？

以前我觉得自己一点也不过分，还会有“爱人和孩子都不懂事”的想法。当我渐渐意识到这个问题的根本的时候，我忽然觉得，自己真的是很过分的。因为，爱人和孩子要与我保持情感上的连接，只能通过毁坏的形式，他们一开始毁坏，我就生气，不断责怪、唠叨他们。这虽然是负性的互动，但也是互动啊，总比没有任何互动，一家人像影子一样彼此不交融、谁也不碍谁要好得多。假如爱人和孩子如我所愿，能自觉维持卫生，自己的事情自己做，那我就不必唠叨、责怪，那我们就不必有任何交集，真的变成影子了。

没有什么比共同生活在一个空间，却彼此没有一点互动更可怕、难受的了。

是的，你可能会说，正性的互动是最好的，正性的互动比负性的互动以及没有互动要好得多。这是自然的。可是以前的我没有正性互动的经验，我妈妈没有教过我，她只会告诉我说

“你不要烦我，你自己玩儿去”“这么简单的事情还用我教吗”“这么简单的事情你都做不了吗”，好像我应该什么都会什么都懂一样。这是消极的“母亲情结”，也可被称作“强迫性重复”的陷阱。

如果一个人与母亲有良好的互动，这是积极的“母亲情结”。它会促使人顺利成长，这个人今后的亲密关系也会延续与母亲的良好互动的形式，不指责、不埋怨，而是耐心地去教身边的人做事情。他会教给旁人一些策略，而不是发泄内心的情绪，当旁人从他那里学会了策略，知道怎么做是好的，也就不会故意去毁坏什么了。这是正性的互动。

我们在没有正性互动经验的时候，就会采用负性的互动经验与人互动，目的是维持亲密关系。假如我们想要拥有亲密关系，还想要拥有好的亲密关系，我们应该怎么做呢？当然是采用正性互动的方式了。这样一来，我们想要什么就明确了。我们想要其乐融融，想要支持和温暖，想要我们的孩子不再被消极的“母亲情结”所阻碍，以便他们能够顺利健康地成长。

那就从现在开始，不要再采取责怪、嘲讽或大包大揽的方式对待亲爱的人，因为这样做，是在告诉对方：“我不需要你，请你走开。”这和我们想要亲密的目的是南辕北辙的。我们应该容忍对方的毁坏、不听话、对着干。因为对方在还没有学会有效策略的时候，只能采取对抗的方式来表达与我们的亲密感。懂得这一点，我们就不会再有愤怒，取而代之的则是怜悯。有句话说得一点儿也不错："因为懂得，所以慈悲。"也只有懂得，才能去宽容。然后再把我们的需要真诚地讲给对方听，他能够提供的，在真诚的感召下他一定会提供给我们；他不能提供的，我们可以教给他怎样去提供；我们也不知道怎样提供的，双方可以一起去探讨。真正好的亲密关系就是这样。

当我们愤怒、埋怨的时候，对方就毁坏、不听话；而当我们有了改变的意愿，然后一点一点做出改变之后，你会发现，对方也真的变了。

不要总渴望去拯救

在电影《美梦成真》里面，安妮和克里斯因一见钟情而结为夫妻，两人婚后育有一对儿女，很不幸的是，这对儿女在十几岁的时候因一场车祸而丧生。当时本应由安妮开车送两个孩子去学校，但她有事脱不开身，改由保姆去送。出事之后，安妮不能原谅自己，沉浸在自责以及失去儿女的痛苦之中。而克里斯逐渐看开了这件事，他选择积极面对生活，这让安妮很生气。她觉得，孩子们都不在了，你怎么还能如此没心没肺地生活下去？再后来，克里斯也丧生车祸，安妮终于不堪忍受，选择了自杀。影片有70%的内容都在讲述这个家庭成员在死后的场景，还有一条狗。

克里斯进了天堂——那是安妮在生前的画作。对，她是一个画家，她为克里斯和自己描绘的天堂美轮美奂。但安妮本人却因为是自杀的，只能进地狱。克里斯为了忠贞的爱情，不惜下到地狱去拯救安妮，但安妮拒绝离开。因为她不能告别过去、放弃自己的内疚，从而越过自己那一关。

本来克里斯要把安妮带出地狱，但安妮不配合，克里斯只好选择留下来，与安妮一起待在地狱里。但电影毕竟是艺术，艺术的内核都应是向上、向善的。所以影片的结局是，克里斯仍做了不懈的努力，将安妮带出绝望的地狱——两个人选择一起重生，并约好如何在茫茫人海中一眼认出彼此。克里斯说了一句很有哲理的话，他说："我都能在地狱中找到你，你如何不能在人群中认出我？"

看的时候，有一个情节非常打动我，那就是安妮大部分时间都是绝望的，为什么最后的最后安妮决定走出来？很可能是因为克里斯对安妮的理解。什么是理解？当失去两个孩子，克里斯努力驱走痛苦，一如既往地生活，这不是理解，这是和所爱的人（安妮）切断了联系，留安妮一个人在痛苦中；但当克里斯选择陪她一起痛苦，虽然她的痛苦不会减少一分，但她知道，她的身边是有支持的。支持就是理解，就是痛她所痛，然后再把这痛全方位地展示给她看，以期使她看到些不一样的东西。

理解是一个通道，是一个“连接”，被理解的人可以选择走出或不走出。但当有“连接”的通道摆在那里的时候，他往往会觉得，再留在原地其实也没什么意思了。

如果说陪伴是最长情的告白，那么，理解就是最深沉的爱。要拯救一个人，必须带有爱，比如理解与接纳，然后这个被拯救的人才能靠所汲取的爱之能量自己走出来；如果没有爱，所谓的拯救便只是控制——你控制那个被拯救的人按你的建议或思维方式去生活，而那个被拯救的人不情愿受你摆布，反过来又会控制你，从而让你陷入挫败感或愤怒中。这样你们就一起沦陷于地狱了。

如果抛开爱与理解，只谈拯救，那么最终的结果，只能是一起沦陷。所有的关系，无不是这样。

比如，有个读者跟我说，父母因为一些家庭琐事吵架，妈妈给她打电话，弄得她一整天都没有好心情。我说：“下次她再打电话给你，你可以直接说你不想听。”然后她发来一个很惊讶的表情，说：“怎么能这样说？那是我妈哎！”

对，问题就出在这儿，因为那是“我妈”，所以她的痛苦有“我”的一半，“我”不能视而不见。母女两个是共生体，谁离了谁也不能独自存活。

我回复她：“那么你理解她吗？你知道她为什么总有那么多的怨气，和受不尽的委屈感吗？”

读者说：“那是她自找的。我从小就觉得她的思维方式和别人都不一样，她总是把人想得很坏，认为人家占她的便宜，稍微给人家帮一点忙，如果人家不给予同样的回报，她就觉得人家对不起她。她那么一个满脑子歪理的人，我怎么可能做到理解她？我理解她岂不是说明我也有和她一样的思维模式！”

嗯，这就有点难办了。一方面不愿意去理解并接纳妈妈满满的负能量，另一方面固执地认为“那是我妈，我不能抛弃她”。这会让我认为，那位读者，可能也像其他很多有类似情况的人一样，她只想把妈妈改造成头脑清晰、不再斤斤计较的人，这样她就不再痛苦，也可以不必抛弃妈妈。

但这样做的难度，无异于登天。因为，一来一个人想要改变，除非出自他自己的愿望，别人是没有办法改造他的；二来拯救一个人如果只是出于让“我自己”更好过一点，大可不必啊。

幸福这种东西并不像钱一样，你有了可以分给所爱的人一起花、一起得到物质上的满足。如果所爱的人宁愿耽于痛苦，即便你把自己的幸福送给他，他也没有能力接受。就像你爱着一个瘸腿的人，你认为可以把自己的腿送给他吗？也许他非常享受自己没有腿的状态呢，这样你可以照顾他不离开他。

对待关系中那个总是充满负能量的人，只有两个办法是可行的，一是接受，二是离开。接受是说你承认他就是那个样子并不企图改变他，离开是说你不愿承受他的负能量，只好选择与他隔开一段距离，从此他是什么样子再与你没有关系。

我知道，面对一段纠缠的关系能迅速抽身的人毕竟是少数，选择留下来的无一不是企图改造对方的人。人们大都有拯救的情结，这是出力不讨好的。因为一谈拯救，关系就不再是平等的，而是一上一下，能量无法流动，结局自然好不到哪里去。

具有拯救情结的人大概会认为，爱就是“我陪你一起受苦”或“我陪你一起下地狱”，他们不敢扔下那个痛苦的人独自轻松上路，因为这样就失去了关系。如果把关系分为三种不同的状态，则是好关系、坏关系、没有关系。那么好关系和坏关系都称为有关系，有关系总好过没有关系。因为没有关系是陌生的，这种陌生的模式不在控制当中，或使人感到不那么安全，哪怕紧紧抓住坏关系不撒手，在感觉上也好过没有关系。

然而，如果人们体验过从有关系到没有关系是怎样一种过程，又能收获怎样的自由与轻松，也许就不再害怕没有关系了。

我想起自己曾有的一瞬间的美妙体验。

有一段时间我感到自己的左胸刺痛，我很害怕自己得重病，就去医院做检查。结果发现没什么大问题，顿时我就放了心。从医院出来以后，我骑着随处可见的共享单车，边走边庆幸于老天待我不薄。当时是夏天，天气闷而炎热，头顶上的云彩压得很低。经过一片人少的地带时，我看见不远处是一座高架桥，刹时，我有一种飘在宇宙中的感觉。四周的人声、车声不自觉地隐去，眼前只有白晃晃的云朵和渺小的树。这样的情景让我想到宇宙，我想我是源于宇宙的生命，这个生命在这一世隐藏在被叫作“我”的身体里。当然我的身体是父母所给，然而父母只是我通往这个世界的途径。小的时候我要倚仗他们的照顾，当我长大了，有自给自足的能力了，我就可以离开他们了。就像养吊兰或者绿萝，在“老株”身上摘下来的嫩枝必须先养在盛着水的瓶子里，待它们长出根再移植到花盆里去。然而往花盆里移植的时候肯定不会带着瓶子一起啊。在那一瞬间，我对“父母”“成长”“分离”这几个词又有了新的理解。

“通往世界的途径”是父母的使命。当父母的使命完成，作为人的我们就开始了自己新一轮的使命之旅。我们与父母是平行的，在某些意义上讲我们甚至高于他们，而不是这一生都要活在他们的保护、控制之下或背负他们一生。

也许父母没法理解“使命”这一说法，但这不是我们的错，为什么一定要让他们懂得并接受呢？只要我们能为自己做主，剩下的问题都不再是问题。

无论亲情还是爱情，无论关系有多糟糕，都不要抱有“我陪你一起下地狱”的想法。因为下去了，你拯救不了任何人，还会搭上自己。最好的做法就是离开。在心理上拉开距离，承认你们是不同的独立的个体，谁也不能替谁负责，然后让自己不断壮大。

Part 5

爱自己，获得全新的能量

敢于尝试，才能让自己更好地成长

某个周六的上午我去银行存一笔现金。我所住的小区在二环以外，也不是新建的小区，整个小区里只有一个信用社和一台工商银行的柜员机，那天恰好柜员机坏掉了。我只好去几站地以外的工商银行营业厅。

其实我不一定必须要选择工商银行，光大银行、建设银行、民生银行的卡我都有，如果我把这些卡都带上，在路上随便遇到一个银行都可以把现金存进去。但我记得在附近根本就没有这些银行的营业厅，最近的就是几站地以外的工商银行了。我也很相信自己对事物的控制度，根本没想如果最近的工商银行营业厅存不了现金，我还要折回家再拿其他的银行卡。

那天我到达工商银行营业厅，找到一个存取款一体机，赫然发现上面贴着一个条子：此机已坏。而其他两台柜员机只能取款。没办法，我只能进大厅排队。这时候我才发现，营业厅的大门紧闭，还上着锁，玻璃门上贴着通告：本营业厅周六休息，办业务请去附近的营业厅，给您带来不便，敬请谅解。下面还列出了最近的两个营业厅的地址。

我特别懊恼。我好容易来一趟银行，要么柜员机是坏的，要么不办公，真是喝口水都能塞牙缝。什么时候银行也开始周末休息了？我快速盘算了一下最近的营业厅的距离，真的跟回家的路差不多了。但事情总是要办的，我觉得我还是去指定的营业厅比较保险。然后我一路向北，在路边看到许多银行，包括建设银行和光大银行，可是我偏偏没有带这两个银行的卡，肠子都悔青了。

这在以前，我会觉得事情不顺是我不够幸运，或老天跟我作对。没错，这都是小事，可是生活没有大事，在小事情上吃的亏、遇到的麻烦就足够让人不顺心。可是现在，我竟然能够饶有兴趣地审视我的做事方式，原来我也是足够固执、不懂得变通。假如多给自己准备两条路，可能事情早就办成了。

我想，墨守成规也就是这个意思——只有一条道儿可行，并且这条道儿是以前经常走的。人们为什么喜欢墨守成规？因为安全啊，安全决定了人们必须待在一个熟悉、可控的情境里面。不熟悉、随时可变的情境人们都不希望去忍受。

说白了，安全感其实是一种美好的、让人感到满足的经验。当我们偶然用一种方法获得了这种经验，我们就认为这种方法是可行的且是唯一可行的。方法本身就成为我们的“安全经验”，我们不会自觉地、有意识地去寻找第二、第三种方法。如果哪个方法不在我们的“安全经验”之内，我们就觉得这个事物是不可控的，一旦不可控了，就容易受到惊吓，整个人就会处于提心吊胆的状态。

如果通过其他方法获得了好的经验，或尝试去做一件从未做过的事情而获得了好的经验，那么安全感的范围就一定会扩大，这就不再是墨守成规，而是“努力尝试新事物”了。

不墨守成规，不是说我们要摒弃安全感，因为安全感是人赖以生存的基本需要，我们不可能放弃“地基”而去建一座高楼大厦。不墨守成规只是说，我们可以去尝试不同的途径和没有接触过的事物，并且为这个尝试做足够的准备。这样，每尝试一次，我们的安全感地盘就会扩大一点。

在此我想起我的来访者小新，我非常喜欢她，因为她总是带给我一些我很少想到的问题。比如前几天她就对我讲了一个名词“短期任务”。这个名词是她自己发明的，用以说明一项有始有终的、为期比较短的任务或工作。

这个名词是怎么被讲到的呢？小新是一个在工作上自我价值感不那么高的人。她做的是文秘工作，这项工作很烦琐，她不止一次说，她在这份工作中看不到任何前景，所以近期考虑换个工作。我问她有没有想好换个什么样的工作，她说想换一个有成就感的工作。我又问什么工作有成就感呢？她回答说，就是可以让她倾心投入的工作。这个工作不一定非得让她得到什么样的好结果，只要能够让她心无旁骛地去做就可以了。比如翻译一份计划、一份合同、一份说明书，它们都是有字数限制的，哪怕再长，也有“完”的时候，这就符合“有始有终”的“短期”设想。在这个过程中，她完全能够做到心无旁骛，这项工作干完，她就可以松口气了。

这个说法让我眼前一亮，我对她说：“你以前一定有过类似的好经验，就是一个任务摆在面前，你说干就干，没有畏难情绪，你知道你一定可以完成它并且完成得很好。这是你的优点。否则对于一个拖拉成性的人来说，哪怕他会做，也不一定能做好。”

当我这么说的时候，小新又想到她在大学时代的一些往事。她在大二的时候才开始叛逆。她所谓的叛逆也不过是翘课，上课时坐最后一排而不是坐前排，不好好听课而是听音乐看小说，不主动竞选班干部。但即便是这样，她仍然能拿奖学金，仍然被同学们推选做班干部，这让她很挫败——难道她连“变坏”的资格都没有吗？这也让我感到很好奇，“变好”不容易，“变坏”也那么困难吗？这让那些被冠以“坏孩子”头衔的小可怜们情何以堪！

然而小新说，她之所以“变坏”都这么困难，是因为当她面对一个“短期任务”的时候，会有种“豁出去”的想法。比如有一次高数补考，必须要考及格，还没有人可以请教，就只好自己从头啃课本，最终圆满完成了任务。再比如，班里要选班干部，每个竞选的人都需要做一番自我陈述，小新并没有上台，但大家都推选她去，她拗不过，只好快速把要说的话在内心里建构了一个大体的框架，就这么上台去了，竟然当选了。

原来是这样。当小新面对一个“短期任务”的时候，她没有惧怕，只有自信。虽然这种自信是逼出来的，可是船到桥头自然直，无论补考还是上台演讲，这些事情最终的好结果使得她全心投入的过程变成了美好的经验。以至于在以后类似的经历中，这种美好的经验让她获得越来越多的自信，也就更容易做好一个又一个“短期任务”了。这种良性循环让她的安全感越积越多。所以她对“短期任务”才会感兴趣，做“短期任务”也才会带给她成就感。

假如小新担心别人给她不好的评价，或根本不相信自己有组织架构的能力，那么她一定不会尝试上台，也就无所谓尝试成功，再遇到类似的事情，她还是待在自己已有的安全感地盘内，这个地盘并没有扩大一丝一毫。

可是，敢于去尝试，并不是鲁莽行事、不假思索地去行事，而是要有策略。这个策略就是说，虽然我从没有干过这件事，但我可以规划出一个大致的方案，且这个方案或方案的一部分在我可以承受的范围之内。有了这个经验，下次这个“可以承受的范围”还可以扩大一点点，如此把事情做“熟”，把道路走“安全”。

比如演讲，这次可以面对一两个熟悉的朋友，下次可以面对十个熟悉的朋友，下下次就可以扩大到十个不认识的陌生人。这次可以讲一个有把握的点和内容，下次就可以扩大到两三个点和内容。

关于尝试，还有一个“如何看待”的问题，即如何看待尝试成功以及尝试失败，因为安全感不只是他人或环境“塞”给我们的，还在于我们自己的视角，视角不合适，安全感就没有那么多。有的时候，哪怕尝试失败了，我们会说：“这件事情太糟糕了，我宁愿从没有做过它。”但整个做的过程中，就没有一点“好的经验”吗？还是那些“好的经验”都被我们的自动化思维或偏执性思维给掩盖了？

当意识层次不够高的时候，行事过程中的体验会被自动化的思维所定格。比如我星期六去存钱，只带了一张工商银行卡，遇到柜员机是坏的，银行还不上班，我就傻掉了。我首先想到的是“老天跟我过不去”或“我怎么那么倒霉”。我本来最讨厌的事情就是去银行，现在倒好，我的遭遇更加印证了“银行是讨厌的”这一想法。

当意识层次足够高的时候，人就会跳出自动思维或自动感受的部分，从而获取一些积极的内容。比如还是存钱这个事情，当我看见银行的大门紧闭的时候，我马上就想到了很多时候我都是在自我受限，一件事情只留一个解决方法，以为事情会按自己所想的进行，不顺利还怪老天不公，其实只是在自讨苦吃。我还想到以前我总认为自己的银行卡太多了，应该消掉几张，现在看来，卡多有卡多的好处，卡多的方便大于卡多的不利。

这也算失败经验之外的收获吧。

再比如演讲，意识层次不够高的时候，惧怕演讲的人从未想到可以去试试，因为他之前都是失败的经验，他“自动”想到这次也一定是失败的。当意识层次慢慢提高，他会知道惧怕演讲和惧怕面对很多陌生人说话异曲同工，也许是害怕表达不好自己的观点，也许是害怕不认同，然而当他意识到“我只管表达我的观点，别人认不认同是人家自己的事情”，这个时候他就有了尝试的勇气。即便尝试之后仍然失败，他可能会想到“这次是我措辞不准”或“观点不那么明确”，而不是像低层次意识所认为的那样“我不适合演讲”或“我什么事情都做不好”。这样一来，他的下一次尝试就有目标了，这难道不是他将自己的安全感地盘在一点点扩大吗？

面对任何事情，不墨守成规，一点一点去尝试，好的经验直接汲取，坏的经验换个角度汲取，我们才能将自己的安全地盘建得越来越大，突破原来的自己。

做让你感到舒服的事

我的衣柜里最贵的一件衣服，是一件春款羽绒服——5000多元。它不仅舒服、合身，重要的是什么场合都能穿，陪孩子在室外玩耍，可以席地而坐；跟朋友聚会、逛商场、出入星级宾馆酒店，丝毫没有不妥。反正它给我最大的感受就是，确实是它在伺候我，而不是我在伺候它。

我妈问我："你这衣服多少钱买的？"我说："500多块。""啥？这么难看的衣服还这么贵。"

我姨问我："你这衣服看着是不赖，不便宜吧？"我说："1000多吧。""啥？这么贵你老公也不骂你？"

我没跟我姨说，当初我生了小宝几个月后，有次去逛街，一眼就看中了那件羽绒服，我说好看，当时我爱人就给我买了。他没说有多贵，他只说“还好我掏得起”。

我不是为了显摆我爱人是“五好老公”，我是想说，和不同的人一起生活会对自己有不同的“自我要求”，人不会做超出这个要求标准的事情。

我没有结婚的时候，跟父母一起生活，随便花一块钱我都觉得不应该，哪怕我有工作，能自己挣钱。

我结了婚以后，跟我爱人一起生活，我整天买书、买衣服，吃饭下馆子，哪怕我不再上班，我也觉得这样过日子没什么不应该啊。

婚前和婚后的区别，就在于身边的人对我的要求不一样。以前我妈把我限制得很死，如果我做了什么她觉得不应该的事，她会不停地叨叨，直到我烦得想撞墙。所以我很少去做她认为我不该做的事，我也渐渐把她的标准当成了自己的标准。并且有很长一段时间，我一直以为那就是自己的标准。

直到跟我爱人一起生活，我忽然发现，以前在我妈看来是绝对禁止的事情，在他看来一点都无所谓。尤其在钱方面，他跟我妈区别很大。所以我从这个方面来写，就是为了表明这样一个主题：

我愿意做的事情，可能不是因为我真的想去做，而是我曾经被允许可以这么做；我做什么事情感觉不舒服，也不是因为我不想做，而是我曾被禁止这么做。

所以，哪些才是真正的“我愿意”呢？如果不使劲儿体会、使劲儿分析，你也许永远搞不懂“我愿意”到底在指什么。千金难买“我愿意”。

有一个读初中的女孩儿跟我聊天，她认为成绩好的孩子才能称作“好孩子”，成绩不好的不只不是好孩子，根本都不配活着。当然她的成绩是不错的，但她并没有多少自豪和成就感，而是认为“应该是这样”“还好是这样”，因为这样就不必羞愧而死。所有“不至于羞愧而死”的标准都在于有个好成绩这个结果。她却恰恰忽视了每日秉烛夜读的艰辛努力，所带来的这种最可以称得上可贵而有价值的品质。难道拥有这种品质不是令人自豪的吗？什么时候她能分清“有好成绩才配称好孩子”这个标准是来自谁，又是怎么来的，她才能看到其他的可能性而获得解脱。

我有个朋友，她明明觉得打游戏浪费时间，还说服自己“不会休息的人就不会工作”，竟然强迫自己打游戏。其实不同的人有不同的休息方式，有人适合打游戏，有人适合看书、散步、吃大餐，并非只有玩好了就有足够的精力去工作。这位朋友非常喜欢看一些哲学类的书，那种看书过后的通透感让人觉得，“书中自有黄金屋，书中自有颜如玉”这个说法是多么的恰当。由书带来的精神上的乐趣，没有哪种快乐可以抵得上。然而她经常怀疑，假如大家周末时都在休闲娱乐，她却看了一天书，这样会不会很累啊？我问她有没有这样干过，她说曾经干过，并没觉得累。我又问她：“那你觉得会累，这种想法从何而来？”她想了想才说，上学的时候因为成绩很好，而她又有个好妈妈，妈妈一到休息日就催着她去玩，妈妈的理由是：不会玩就不会学习。有时候她真的不想玩，她也没有从单纯的玩耍当中得到过真正的快乐。她喜欢看书，喜欢思考，为此她和妈妈多次吵架，每次吵架她都认为自己做错了，因为妈妈那么替她着想，她还不领情。从以前的“会玩才会学习”，到以后的“会玩才会工作”，这两个标准都来自妈妈，而非她自己。一个人坚守另一个人的标准去行事，内心的冲突在所难免。

千金难买我愿意。人们明白哪些事情是我们真正想做的，哪些是别人想让我们做的，这点非常不容易。

不容易只是说不好做到，不是说不能做到，只要我们学会对自己宽容一点儿。

宽容一点儿是说，有些事情可做可不做，想做就做，不想做就不做，没什么大不了。不宽容是说，想做但是不敢做，做了感觉后悔，没做觉得不应该，经常要遭受内心的煎熬。我们爱自己最好的表现就是，无论做与不做，无论做什么，只要没有伤害到别人，都不必有内心冲突。

我以前在追剧的时候，如果追过了头，会有强烈的愧疚感。追过了头是说只想着追剧而忘记了其他事情。比如我爱人中午下班回来，我还没有为他准备午饭，或到了小宝放学的时间，我仍然沉浸在剧情里没有反应过来。我就感觉自己像个废人。这是因为，如果我妈看到我这样过日子，她早就骂了我九百八十遍了。但有一次我问我爱人："你觉得我是废人吗？"他说："废人的定义应该是这样：大家离了他都可以照常生活。我们离了你好像不行吧？"噢，我的作用还是巨大的。当我因做了妈妈不允许我做的事情从而自我贬低的时候，他总是能从另外一个角度让我看到自己的价值。

现在我很少去追剧了，一年追一次吧。这不是说我仍然认为追剧的都是废人，或我不允许自己去追剧，而是我的事情太多，没有追剧的时间。

对自己宽容一些，说起来容易，做起来很难，因为从没有人对你在那些你不愿对自己宽容的事情上宽容过。可是如果你这样想：我愿意对自己宽容，允许自己睡个大觉，允许自己不看书，允许自己学不会英语，因为我想睡觉，我不想看书也不想学英语，这些想和不想有什么错吗？它们妨碍别人或给别人带来了伤害吗？地球会因此停止转动吗？我会因此死掉吗？统统都不会啊！那既然这样，我为什么还要跟自己过不去？我到底在跟谁过不去？

在你真心愿意做却觉得对不起谁的事情上，如果按照以上的步骤去思考，都会转危为安，内心归于平静。如果你试过但觉得不好用，那么请你再做一遍。

不用纠结“到底什么才是我真正喜欢的”“到底什么才是我真正想得到的”，你一直在寻找自我，而自我一直待在你心中。你做什么感到高兴、怎么做感到舒服、得到什么感到充实，那就是你的自我。

实现愿望的正确方式

我刚开通电话访谈的时候，有几个读者找我，我们约定每周固定访谈50分钟。当然，如果采取沙盘游戏的方式，每次咨询师和来访者所坐的座位也需要是固定的。这是心理咨询的固定套路，因为“固定”会带给来访者一种安全、放松的氛围，这是很必要的。但有一个做访谈的读者从不与我约定访谈的时间，每次都是随机开始。

这就引出一个问题：为什么做出承诺并遵守承诺是那么困难？

她有她的苦衷，这是肯定的。但这个苦衷是来自现实生活中的真实事件，还是来自种种担心与焦虑，却有着本质的区别。

前者比如说，真的是太忙，拿不出足够的时间，或经常有一些突发的意外事情，使得她不能每周确定一个固定的时间段与我进行访谈；后者的意思是说，她没有那么忙，她只是担心有意外情况发生不能让自己遵守固定的时间，但这样又会给她带来一系列难以承受的后果——觉得自己做错了，有内疚感，会得到不好的评价，等等，从而拒绝固定时间。

与其说这两种苦衷都不能成为不做出承诺的理由，不如说，这些苦衷是值得被分析的，因为这使她与某些能力（比如控制生活的能力）之间隔开了距离，这也许是无力或焦虑感的来源。时间是有弹性的，竭尽全力规划出固定的时间去做固定的事情，这本身就是一种积极的尝试。除非事情没有那么重要，可以不去做。而面对“既想去做，又觉得没有精力或时间，或存在其他困难”的情况，也许我们每个人都有必要仔细体会到底是什么阻碍了我们达成自己的愿望。

所谓个人成长、心灵成长，其中很重要的一个方面就是，逐渐有能力获得自己想要的，而这个获得的过程就是对自己的嘉奖。

以前我曾被拉到一个群聊里，这个群有200多人，全是公众号作者，他们中不乏知名度很高的大咖，只看他们的单篇阅读量就会吓我一跳，更别提粉丝数量了。我在面对这个庞大群体的时候，内心的焦虑可想而知。首先我想到的就是，我绝对不可能做到这种级别。这个想法一出，我自然是很沮丧的。

但我给自己做了一个实验，以此弄明白我与我的愿望之间到底隔着什么。于是我换了一种方式问自己：一定做不到这种级别吗？不，也许能做得到；也许能做得到吗？不，极有可能做得到。

然后我只是把更多的注意力放到了离愿望更近的地方，而不是离它更远的地方，我的心态就改变了很多。

做好一个公众号需要什么条件呢？就拿文字类的来说，首先你的文章要有看头，要让大家看了觉得有所收获，或者可以激发读者的独立思考。其次观点要明确、独到。再次，最好坚持日更，每篇3000字左右。最后，合适的宣传很重要。然而这4条我只能努力做到前两条，因为前两条是让我感到有兴趣的。我经常跟我的朋友们开玩笑说，写作才是我“亲妈”。不要小看“写”这个行为，很多时候一些说不清道不明的东西在写的过程中它自己就通了。既然好写赖写都是写，那为什么不能好好写呢？我公众号里的内容，大都是和心理学有关，我一直致力于把心理学用到生活中，让自己、让看到它们的伙伴们不再为琐碎的一地鸡毛而劳心劳肺。所以我写字不只是为了写字，我已经习惯于把一些耳熟能详的道理通过自己的体验而储存在身体中，然后再把它们变成可以说和写出来的语言，这个过程让我乐在其中。

而对于做好公众号的后两个条件，我觉得我是做不到的，因为我的时间和精力都有限。我一直认为，对于这类的文章一定要胸中有东西才能下笔，为了“赶”而写，心里是不痛快的。所以一周我最多写两篇，最少写一篇，这与日更相差甚远。我还遇到过一些“宣传家”说，多少钱可以买多少个粉丝，不是“僵尸”粉哦。我对此持怀疑的态度。

总之，当我打算为了现阶段的理想而努力一把的时候，我忽然发现那不是我的理想，或者说我只在乎那个理想其中的一部分。这是个挺有意思的事情。不过这也挺好，只在乎理想其中的一部分，也算理想，只是目标更小了一些。当我刚开始做公众号的时候，我都不知道该写什么，后来我觉得可以整理一下“我是如何感觉这个世界的”，慢慢有了一些粉丝。而最让我感动的事情便是，有一些粉丝从开始到现在对我不离不弃，他们有时候会问我一些问题，有时候只是在那里静静候着。我还有一些固定的访谈者，我通过与他们聊天、互动，得到了许多看问题的视角，这让我感觉非常有意义。我可以说，我通过去做、去把注意力放在离愿望更近的地方，从而已经实现了现阶段的理想。

有时候愿望或理想实现不了，不是因为能力不够，而是因为目标太大或不合适，如果为自己量身定做一番之后再开始，可能会容易得多。但这也不是说想要什么就一定会得到什么，只是说可以试一试。世事有诸多可能，有多少实现不了的可能，就有多少实现得了的可能，不试怎么知道呢？但既然打算一试，就要拿出精力全力以赴，而不是说一边暗示自己不可能取得好结果，一边又去消极尝试，这样的话干脆就不要试了。因为你在走出第一步之前就已经先捆住了自己的双脚。

细想这个场景非常有意思：想要去到某地，但脚是被捆住的；去某地的愿望越强烈，越会感觉到脚被捆得紧。或者可以这样理解，我们之所以会有强烈的愿望，就是为了衬托“不能走路”的无力感。否则，哪里都不想去就不会意识到脚是被捆着的。

有些人确实是需要无力感的，这也许是他早年体验到的感受，比如曾经被指责、被羞辱、被过多要求、被不公平对待却不知如何替自己发声。当这个感受足够强烈，他就会习惯于待在无力感里面，因为这是他最熟悉的感觉，虽然难受，但是安全。而如果抛弃这种熟悉感，去体验另外一种全新的感觉会让他诚惶诚恐，即便这种全新的感觉极有可能让他走出困境。

关于如何实现自己的愿望这个问题，你首先要确定它是你需要实现的，其次不要把自己困于无力感里面，你要知道每一个愿望的实现无不是在背后经历了超乎常人的努力，你只看到人家表面的光鲜，否认、忽视人家付出过的艰辛，这本身又会把你自己拉向绝望地带。你只管解开脚上的绳索大踏步往前走就可以了，管它走到什么地方呢。最后你应该看到并重视你所走出的那些路，有可能你真的到不了你想要到达的地方，因为付出和收获在很多时候是不成正比的，但是，你毕竟没有待在原地啊！

假如你想到达的地方离你的原点有100步，第1次你离开原点走了10步，第2次走了20步，第3次走了30步，第10次你走了200步终于到达。虽然多绕了好几百步，虽然两点之间直线最短，但没有人规定必须要走直线。这些尝试的过程会让你有“离开原点也不会死掉”的体验，对，最重要的是离开。那些认为自己不可能实现某个愿望的人，是将注意力放在了“不可能”上。如果换个角度，把注意力放在“如何实现”上，问题就有了不一样的答案。

学习做个有趣的人

一个旧友在微信上问我："我想像你一样从最基础的自学考试开始学心理学。"我说好啊。她给我发过来一张自考心理学的必考科目图片，说："现在又加了很多实践，还有解剖学，我怕我考不过。"

呃！一件事情还没做，就想着做不成，有两个可能，一是这件事根本就不是她真正想做的，她只是借此证明些什么；二是，她相信自己是个没有执行力的人。这说明她对生活其实是不满意的，但她害怕付出，因为担心付出没有回报。这也许是很多人的心理状态。

还有个朋友对目前的工作不满意，收入倒是不少，但时间被占得满满的，顾不上孩子顾不得家，想换个工作，又前怕狼后怕虎，折腾了许多年，仍是原来的状态。

这让我想起《月亮和六便士》里面一段写得很好的话：

这两个人（思特里克兰德夫妇）好像是一幅古旧挂毯上的两个人形，同背景很难分辨出来；如果从远处看，就连轮廓也辨别不出，只剩下一团花花绿绿的颜色了……有些人的生活只是社会有机体的一部分，他们只能生活在这个有机体内，也只能依靠它而生活，这种人总是给人以虚幻的感觉。他们有如体内的细胞，是身体不能缺少的，但是只要他们健康存在一天，就被吞没在一个重大的整体里。

什么意思呢？我觉得这描述了某类人的生活状态，他们面容模糊、没有特色、人云亦云、无趣、呆板、不喜尝试新事物且对此存有偏见、没有自己的坚持，生活成了背景。

但有些人就是万绿丛中一点红，轻易就能成为主角。

我在某小学做沙盘的时候，结识了一位年轻女老师，问她教什么，她说教体育。我每周都在固定的时间到达学校，女老师在那里吃中午饭，几乎每次去都能遇到她，见的次数多了，就聊上了。有次去，看见她在看一本《发动机原理》，书上划得密密麻麻，显然是她顺便记的笔记。我问她：“你喜欢这个啊？”

她说：“还行吧，主要是自己开车，出毛病了不至于手忙脚乱。”

我心想，什么车啊这么容易出毛病，后来聊天才知道，她开的全是二手车，平均一年半载换一辆，她知道去哪儿卖车、买车；什么样的车能买，什么样的车绝对不能碰；卖的时候不赔钱，反倒还挣个两三千块。

我越听越觉得有意思，我说你这么折腾不嫌麻烦啊？她说什么不麻烦啊？上班不麻烦吗？吃饭不麻烦吗？我就笑了，是这么个理儿，什么不麻烦呀？活着本身就挺麻烦的。不过你要是觉得麻烦，还真是麻烦；你要是觉得在享受，你就能从中得到许多。

聊完了车，就聊咖啡。我本来以为她对咖啡是个外行，至少没我懂行，可她说，她学过拉花，做得还不错，并且她知道石家庄一些很好的咖啡馆都在什么地方，改天带我去一个老板长得很帅的慢摇吧，那里面的咖啡做得绝对地道。

我差点就跪了，这什么人啊！不要太有趣好吗。

我还有个朋友是画画的，我特别愿意去她家，因为她家里的摆设既奇特又让人感觉特别舒服。她说房顶的墙皮有点儿裂了，不好看，就自己拿了丙烯颜料画了许多五彩的同心圆，看上去有点民族风；别人家看起来很普通的阳台，到了她家里就是一个由卧室伸展出去的别致的活动区，她在那里装了象牙色装饰性暖气片，增添了一丝艺术气息；她家里的绿植简简单单、长势喜人。她平时画油画，也画石头，客厅里的书架上摆满了各种形状的石头，那些石头经由她的手，一朵荷花跃然“石”上，再刷一层透明的保护色，美轮美奂。她还热衷美食，穿自己设计的亚麻红裙。

这些人有趣吗？有趣。可是有趣有什么好处呢？对旁人来说，有趣的人是一个能量场，和有趣的人聊天、相处，会受益匪浅；对自己来说，自己是个有趣的人，就是说自己的生活是丰富充盈的，这得益于自己的心是自由的。不要小看自由这个东西，它是一切的根本。

既然有趣是这么有益的一种“气质”，那么，如何才能做一个有趣的人呢？

我觉得第一要有广泛的知识面。我有个朋友以前非常喜欢看《青年文摘》，但他特别有意思，喜欢看哪篇文章，就从右下角找这篇文章出自哪本书，然后把原书买回来读，别提多兴奋了。有一次他就给我推荐了毕淑敏在一篇有关身心医学的文章里提到过的书，叫《生命的重建》，作者是美国作家露易丝·海，这本书颠覆了我的世界观，我也是从那个时候开始爱上心理学的。

有些人有着很高的学历，但无论相处还是交谈，都让人觉得很没意思。他只懂他的专业，可这又怎么可以当成茶余饭后的谈资？

我以前攒了好多很奇葩的书，比如《老期刊收藏》《琥珀、蜜蜡》，仿古影印版的《浮生六记》，有关咖啡的书摞了好几尺，还有关于红茶的，《西方建筑史》，等等，虽然很多并没有看完，可是我有一个癖好：什么时候想看了，伸手就能找到适合当时心情的书。这才有趣。

第二是保持好奇心，尽可能多地参加各种体验，尤其要尝试一些没做过的事情。某天早晨我正在刷马桶，小宝站在我旁边，扒着柏木浴桶的桶沿往里看，边看边说：“妈妈你看！”我其实不知道她在看什么，但见她那么聚精会神，我也索性看了两眼。原来浴桶里有我留下的半桶清水。有时候我会用洗手盆盛出来冲马桶，刚才我就盛出来一盆。随着舀水的动作，桶里的水面来回晃悠，小宝丢在里面的玩具（竟然还有两片干树叶）也随着晃悠。我就想起来我小时候的情景：深秋季节柳树叶落到池塘里，我蹲在池塘边上，看光影浮动之下的美妙情景，一看就是一下午。那时候是美景，长大就不是了，因为一颗心很难再专注于某件事情的过程，而是很功利地只想要一个结果。

专注于过程本身和只想要一个结果，这两者有很大的不同，因为前者可以带给你很强的存在感，后者只会让你更焦虑。有趣的人往往像小孩子一样是专注于过程本身的，他们只想弄明白事情是怎么发生、发展的，至于结果，一切水到渠成。他们对很多事物都有强烈的好奇心，因为他们已经形成了这个好习惯。

记得有个心理学实验里曾提到，有趣的一定是不舒适的，因为这里面有冒险的成分；舒适的一定是快乐的，因为这里面有安全的成分。所以有趣不代表快乐。但是有趣会带给你很震撼的东西，这是比快乐更高一个层次的内容。

试想一下，小假期里你是打算窝在家里看碟、吃零食、睡大觉，还是同朋友去一个从未去过的地方探险？前者自然是舒服的，可是很无聊，后者让人心生敬畏，但实在是有趣得很。

只有经历过惊涛骇浪的人，才有资格追求“平平淡淡才是真”，年纪太小、阅历太浅的人如果也说这话，要么是人云亦云，要么是见识太短。

第三是要训练自己的感知力，也就是感觉、知觉和理解力。有个同学打电话跟我聊天，她问我："你为什么不把孩子送到婆婆家里，你去工作啊？"我说，离得太远，见一面太不容易，而我又有点分离焦虑，非常不好办。她说："有什么不好办的呀？大家不都是这么做的吗？"

我在那一瞬间感觉非常无力，我能说什么呢？我只能说，这个同学的理解力非常弱，她以为在她看来不成问题的事情，在别人看来也一样不成问题，而她在现实生活中，也确实是个相当无趣的人。她有很好的收入，也有很高的学历，长相也不错，可又能怎么样呢？她一样是有缺憾的，而且还是一个很大的缺憾。

我以前有个邻居，在大家看来她可能热情得过了头，有点"二"了，但不能不说她是个很有趣的人。有一次我对她说，我去参加了一个讲座，哎呀那主持人讲得可真好。她连问都没问我参加的是什么讲座，只是说："看你高兴那样儿！别管你干什么，只要高兴，干什么都是为了高兴。"她所谓的"高兴"，也就是指"自己觉得有意义、值得去做的事"。

训练感知力，就要多听、多看、多与人交流。听音乐、看电影和新闻评论就是个很好的途径。遇见不理解的人与事不要想“他这么说这么做是不对的”，要想他为什么这么说这么做，以及在他身上发生了什么。

第四是行动力很重要，想到就马上去做。在网上看到过这样一个帖子，说是有个妹子坚持健身4年，从140多斤瘦到104斤，然后就一直保持在这个水平上。大家问她有什么窍门可以坚持下去，她回答得特别有意思，她说，做一件事不要问为什么，哪有那么多为什么？什么也不用想，去做就可以了。

我后来在一本书上找到了这个妹子说话的依据：人和动物的最大区别就是人会思考，思考是个高级能力，但高级能力一点都不可靠。低级能力也就是指本能、条件反射什么的，才是最可靠的。要想把不稳定不可靠的高级能力变得稳定可靠，只能将它“降低”一级，变成本能的一部分，这才算是变成了自己的东西。而这个“降低”的过程，就是行动力或执行力发挥的过程。

第五，讨好型的人大都是无趣的，因此个性很重要，不必迎合别人，要知道自己是谁。有次我看霍妮的《神经症与人的成长》，看神经症的各种倾向时我忽然脑洞大开，对讨好型的人格特征有了更进一步的认识，于是在朋友圈发了一段话：在关系中不要迎合他人的需要，而是要做好自己，这一点的重要性在于，如果迎合他人需要，则你不会被看见，你也不会被尊重；做自己，别人才知道你是谁，要忽视你已变得不可能。这段话有好多人回复点赞，看来大家对“做好自己”这个问题或多或少存在疑惑。

一个人要知道自己在哪里，知道自己是谁，才谈得上有趣，一味把别人的需要放在首位的恰恰是最无趣的人。

第六，要真实，不要“假大空”。“假大空”就是很喜欢讲道理的人，他们认为道理就是一切，感情要为道理服务。这种人会给人虚伪的感觉，这是因为他们不敢碰触真实，如果你跟他们互动太多，保不准会有撞墙的欲望，自然也是很无趣的。但真实的人会给你带来不一样的感受，哪怕他说粗话，跟你抬扛，他表现的全是他的真性情，你也不会感到生气或尴尬，这也是有趣的一个方面。

曾有某位知名主播说过，在他多年的采访中，人们说一个人很棒不是因为他的身家背景，而是这个人很有趣，或很有意思；相反，说一个人很无趣，那就是批评他最狠的话了。

内心强大才是真正的成长

当一个人做事畏首畏尾、三分钟热度，或者选择困难，容易被细枝末节影响情绪，常常有失控感时，我们会说他“内心脆弱”。而与之相反的词语则是“内心强大”。

诚然，我们都希望做一个内心强大的人，面对困难无所畏惧，可是，这种话听起来是那么冠冕堂皇，那么假大空，那么像水中月、镜中影。

这可如何是好?

那么，你知道什么是内心强大吗?

难道一颗心跳动有力、没有任何疾病就是内心强大吗？难道待人接物有度，擅长克制情绪，与任何人都能相处融洽就是内心强大吗？难道成功、勤奋、不屈不挠就是内心强大吗？都不是。内心强大不是指“刚强”或“坚强”，它是说“适应性好”，以及“灵活度高”。

假如有一个人来问我：“从A地到B地怎么走？”那我会反问他：“你觉得怎么走好？”如果对方是一个刻板或持怀疑态度的人，他只能说出一个或两个他认为比较可靠的方式：坐公交车，或者打车去。但一个灵活且自信的人，可能会有好几个答案，他会说：“我可以查公交车的车次，坐公交车去；我可以用导航开车去；我还可以用高德地图；或者我什么也不用，见人就问；我一边查地图一边走路去；他甚至会说，我只要从A地出发就够了……”

一件事情有一两个可能性，和一件事情有无数可能性，这是不一样的，这个不一样不仅表现在前者让人安全后者让人害怕，还表现在，当你认为那有限的一两个可能性无法达到目的时，你对这件事情就失望了、放弃了，如果这是你一贯的模式，那你会觉得整个人生处处充满了阻碍，你无法获得想要的生活，假设再摊上一些重大的事情，就只剩下崩溃。

但对于一个“有所相信”的人——相信这世上总有一个他还没有意识到的方法或路线可以让他达成愿望，他会有更多意外的收获，所有的困难都是为了帮助他获得必要的能力——哪怕N个方法失败了，他仍相信他的出路在第N+1个出口。对，这第N+1个出口，它的名字就叫希望。

丈夫出轨，你离婚还是不离？除了离或不离，还有没有第三条路可走？你相信它的存在吗？如果它是这样一种形式——我要过得更好呢？

做了好久的事业不见起色，也许是你的方法不对，或精力投入得不够，或者你的理念太落后，当你把所有能意识到的因素都改进了，你相信自己会有意外的收获吗？相信这个意外收获也许和你的初衷不符，但它足以让你上升到另一个高度吗？

如果你无法相信这些，无法觉察到它们对你冥冥之中的护佑，你又怎么可以打开自己，把自己扔进无限的可能性当中呢？

有人说，这是安全感的问题，对一个有足够安全感的人来说，他完全可以做到不断尝试而不感到恐惧。你只说对了一半，因为安全感是个大问题，它包含很多。如果你认定自己是个缺乏安全感的人，只能允许并限制自己待在一个安全、有限的范围内，那么，我说的这些话又有什么用呢？

那么，阻止你相信无限会带来更好、更不一样的结果的可能性的，有一半是安全感，另一半是什么呢？

在美剧《权力的游戏》第一季开头，一队护城人马在落满雪的丛林里行走，当我刚开始看的时候，我不清楚它接下来会发生什么。但这个场景很触动我，让我有很强的代入感，因为它引起了我的某种情愫。假如是在现实生活中，当我身处那样一个白雪皑皑、四周悄无声息、满眼尽是重复风景——树木的地方，我所能感受的只是隔离、阻滞、冰冷，这个地方也不会引起我的任何兴趣。但如果我是个冒险家，这个地方是我的必经之地，路过它的时候我会知道积雪有多厚，树林有多密，从而得知保持什么样的速度是合适的，然后，我还要去往其他地方。这时我的感受就不同了，我会明白它的萧索和寒冷与我无关，我要做的只是尽量不受恶劣气候的影响。

这段话是为了说明这样一个意思：我（处于某个境况）是有目的的，而你就是为了停在那儿。

当你停在那里（不好的环境，或不好的情绪）的时候，你会被淹没；但当你心中有一根“主线”或目的的时候，周围的一切都能成为帮助你的线索，它们会成为你的一个又一个新起点。

我曾经看到这样一个故事：有一个母亲非常爱她的孩子，所以她不允许孩子过早学习走路，因为怕他摔倒、磕破。后来当这个孩子长到足以可以自己走路的年龄，他也是不敢走的，他经常趴在地上，看其他小孩儿欢快地跑来跑去。有一个小孩对他说："我们一起玩吧！"他摇头说："我没法跟你玩，我不会走路。"

这是一个悲伤的故事。他会走路吗？他会，但他不知道他会。当他不知道他会走路的时候，他相信自己是不会走路的。在此，他的安全感就囿于"我相信自己不会走路，所以我允许自己不走路"，只要不走路就是安全的。但当他有了"我应该学习走路"的意识，他就需要迈开腿。他得先尝试迈哪条腿，然后调节左右腿的摆动节奏，或许先扶着桌椅迈步比较好，甚至得摔几个跟头，但这都是方法或技巧啊！这些方法或技巧母亲大概是不会教的。最终，当他学会了走路，他的活动地盘就扩大了，安全感的范围也就扩大了。

阻止我们相信存在无限可能性的另一半因素是什么呢？对，是内心的力量。

内心的力量不是指安全感，虽然这两者的确有很大联系。内心的力量指的是应对世界的方法、技巧、模式、规则、信念。它由心而生，是无形的力量。

无论是方法、技巧、模式，还是规则和信念，它们首先是固定的和稳定的，其次它们是灵活的。也就是说，它们必须得先有一个形状——如水被盛在一个有形的容器里——这个形状到底该是什么样子，那就要“应需而变”：可以是窄口的锥形花瓶，可以是圆柱形的水桶，可以是一只碗或盘子，也可以是水渠……

写到这里，我突然能体会“心理发展的停滞”所表达的含义。对于一个发展顺利、正常的人来说，他在哪个年龄就应该有哪个年龄用于应对世界的模式和规则，这个模式和规则不仅是行为的，也是心理的。但当他在年幼的时候受到创伤（任何不能忍受的心理痛苦都是创伤，且不能忍受的程度因个体而异），他的心理发展（在某个方面）就停滞了，接下来的日子他也只是在长身体，心理的成长却停止了。

他没有实现的是什么呢？就是他用于和世界互动的方法、技巧、模式或规则、信念。

当一个小孩学走路的时候，如何迈步就是方法；当他需要别人协助的时候，他选择用什么样的语气（请求、商量或命令）说话，就是方法；当他兴致勃勃地完成了一件事却被恶意评论，他能不能思考“我为什么做这件事，又为什么受到批评”，这也是方法——也许他得出的结论并不正确，但他有探索的习惯

（这仍然是方法）。终有一天他会得出比较接近的答案，而这个过程也是人格形成的过程。

如果有一个温暖、包容的环境，这些方法就可以伴随着人的成长自然地被获得。而如果环境恶劣，人的探索就会停止，心理的发展也会停滞。因此，有人对特定的环境适应不良，对人际关系适应不良，对冲突、困难、分离适应不良。这就是说，虽然我们成人了，但我们的心理状态依然停留在受到创伤的那个阶段，我们依然在用那个阶段所获得的方法与他人和环境互动，就像一个四五岁的孩子，仍然用爬行的方式和小伙伴们玩耍。一个20多岁的人，仍然用儿时的“非黑即白”的思维模式与同事相处，这当然是有问题的，因为这会导致我们没有力量、容易放弃、容易冲动、容易将责任推给他人。

可是我们并不该如此，我们也不该把全部责任都推给家庭，因为有些方法或规则是母亲可以教的，有些方法她也不会。世界并不只母亲一个人。任何一个人都可以成为我们探索世界的入口。

你以为自己还是当初受到创伤的那个小孩？其实你已经长大了。言外之意，你以为你什么也不会，但实际上，你什么都会。

你只需要迈开一只脚，然后你的地盘就扩大了。你会发现，安全感不是别人给的，是你尝试着得来的。这个尝试的过程，就是内心生长的过程。

愿我们每个人都“深情”地活着

当一个人说“我不想去尝试一些事情”，他可能会为“不去尝试”找N多理由，这些原因看起来好像存在，不过也是冠冕堂皇，最真实的原因可能只有一个，那就是“不敢”。

比如，我有一个外地朋友，离了婚独自带着儿子生活，她对工作要求很苛刻，一要离家近，二要挣得多，如果实在不能二者兼得，那么宁可少挣一点，也要保证每天中午可以把儿子接回家吃饭，晚上也要有足够的时间陪儿子写作业。因此她就有了一个内心冲突，且这个冲突无时不在，那就是：她一方面想挣很多钱，这样就可以给儿子更好的生活；另一方面她又得把挣钱的机会“扔”出去，因为把时间和精力都用来挣钱了，就没有更多的时间和精力去陪儿子了。她说：“我儿子离不开我，他还那么小，我不想把他独自留在家里。”其实她儿子已经上四年级了，中午完全可以去吃小饭桌，放学自己回家或留在学校等妈妈下班来接。但这位朋友却要把儿子放在触手可及的地方，如果看不到儿子她就会感到不安。为了让这件事情看起来合理化，她告诉自己：“孩子还小，需要照顾。”事实上，是她离不开孩子，因为离开了孩子，痛苦难受的是她，而不是孩子。这种错误认知限制了她去尝试想要从事的工作。

了解到自己被一些东西所限制，这一点非常不容易，有时是我们自己意识不到，有时是不敢承认，而这两点都会造成同一个结果：自己骗自己。

“骗”是一种防御机制，有它的存在，我们可以不必感受痛苦，但我们会离真相越来越远。真相很重要，它关系到我们能不能诚实地对待自己。如果我们对自己足够诚实，我们就会把更多的注意力放在自己此时此刻的感受上，会努力让自己处于一种舒服的状态，哪怕这种舒服在大多数人看来是“不对的”，我们亦不会感到这没什么不好。这一点恰恰印证了荣格所说的：“每一个人都是独一无二的存在。”因为独一无二，谁也不能评判谁的对错。

如果一个人可以让自己舒服，并且会习惯性地积累这些舒服，那么他就达到了“深情”的标准。意思就是说：我们内心有一个信念，我们深信自己是独一无二的，我们不是别人，别人也不是我们，我们和别人的差异让我们感到惊奇、有兴趣，而不是羞愧、不安，那么我们就能很好地接受这种差异。比如，我们胆小、不够爱、不愿接触人群、爱生气、小心眼……这些差异的背后隐藏着一些东西，正是它们指引我们更深刻地审视自己的生活，从而在这些生活事件中寻找到自己独一无二的经验或感觉。如果可以做到这样，我们就说：“你瞧，我对生活如此深情！”

刚听到荣格学派的老师讲到“深情”这个词，我一时有点儿懵，还以为是“深沉的爱”或“深厚的感情”。后来我觉得，我的理解也并没有离题太远，只是“深情地活着”这个说法以前我从未想到过，以至于在我听到它的时候眼前一亮，脑洞大开。它让我想到一些儿时的绝妙经验和梦里让我久久不能忘怀的场景，那是一种有关情绪的体验。什么情绪呢？好奇、新鲜、被牢牢吸引的专注之情，就像食物残渣之于蚂蚁，血腥之于北极熊，未知之于孩童。我由此明白了，好奇和探索就是最大的热爱和最大的深情，当对人、事、物以及生活本身怀有莫大好奇，而不是怀疑、厌倦、不屑时，“深情地活”也就被诠释得清清楚楚。在这个“深情”里面，我们对自己的优缺点持包容的态度，故而对他人的所作所为也不会有批判或不满，整个人处于一种平和、从容之中，这无疑是人们生存的最佳状态。所以我们才需要不断地“修炼”，最好你有一个比较了解自己的治疗师，你们一起朝着“一个人要充满对自己和世界的深情而活着”这个目标前行，如果可以做到，那么心理治疗也就可以停止了。

“深情”面对生活的首要任务就是建立、积累自己的舒适感，让自己生命的能量不断地得到滋养、提炼和升华。在这个过程中我们会渐渐明白，所有那些不舒服的感觉——恐惧、愤怒、不安背后都是来自“渴望与世界深情相处”的本能愿望。因此我们会原谅某时某刻自己的不恰当行为，理解自己的某些不足，并深信自己最终可以到达一个令人喜悦的状态。

这个令人喜悦的状态的实现，需要我们承认并接受自己的现有状态：如果我们在某一方面表现得不好，那就不要在这方面要求自己“高尚”；如果我们缺爱，就不必严苛自己一定要去爱别人；如果我们缺乏安全感，就不要把勇敢当成行动的标准。我们有什么，才能不在乎什么，我们没有什么，就永远不能给到别人什么，因为水满才能“溢”。而这种承认、接受自己现有的状态，也是让自己舒服的做法和表现。

比如在公众号后台有人留言说："我该怎么做才能更好地去爱我的孩子？"我并不关心他如何才能更好地去爱他的孩子，我更关心他对自己的爱有多少。他是不是对自己的所作所为、所需要足够宽容，是不是接受"自己的爱没有那么多"这个事实。如果他能理解这一点，那么他的问题也许就变成了"我怎么才能爱自己"。当学会爱自己的时候，爱别人就不再成为一个问题。

一个朋友的同事，45岁了，老公出轨，她想离婚但是又不敢离，这很好理解：离婚相当于打破一种安稳的生活。但她把不离婚的理由说成是为了婆婆，因为婆婆年迈多病，她和婆婆相处很好，十几年来都是她在照顾婆婆，她逢人便讲："要不是我婆婆没人照顾，我早就跟他离婚了。"听到的人没有一个不夸她高尚，但她却经常被一种莫名的愤怒所控制，想摔杯子，想跟人吵架。这是因为她把自己置于一种不舒适的状态，没有接受自己"害怕不安全"这一点。如果她能坦然承认这一点，并深深理解自己不惜付出任何代价也要牢牢抓住即将破碎的家庭这个行为是为了获得安全感，那么她将在这个过程中学会如何怜悯、安抚自己，并最终明白，原来爱自己才是最大的安全感。

再比如我的外地朋友，如果她明白“照顾孩子”是自己的需要而不一定是孩子的需要，明白正是这种本末倒置的认知才限制了她不敢去尝试想要的工作，那她就会对自己有一个全新的了解：当她还是个小女孩儿的时候，她缺乏关爱和照顾，她正在把这一点投射到孩子身上，而孩子在这方面并不缺乏，所以她不必时刻想着要“照顾孩子”，她应该有自己的生活和追求。如果她放弃自己的“执念”，就会发现得到想要的一点都不困难。

每个人或多或少都有自己的“执念”，这个“执念”是我们心里的墙，因为看不见，所以无法逾越，我们只能被限制在里面。我们要学会“深情地活”，允许那些不美好的存在。然后给自己一个机会去审视那些“不美好”背后的诉求是什么，从而能够深深地理解并满足自己。做到这一点，我们一定会明白世界很美，活着很美。

接受真实的自己，才能活出精彩

生活中，我偶尔在朋友圈里发一些小区的“春景”，有朋友说，你们小区绿化挺好的。我心想何止是小区绿化好啊，整个城市，走哪儿都能看见开满鲜花的树。

于是我感到奇怪：城市没变，树木没变，居住地也没变，怎么凭空多出来那么多的花儿？各种形状、各种香型、各种名称！这到底是怎么回事？戏法也没有这么变的。

因为我爱人是搞道路、桥梁设计的，所以，我问了他这个事情。按他的说法是现在城市绿化要求提高了，每隔6至8米就要种一棵行道树。难怪春游去满眼都是花。但是小区的绿化十年如一日啊，前年，甚至去年我都没什么特别的感觉，今年的春色却像开了挂似的，一茬花接一茬花，一波景接一波景，岂止是开满鲜花的树，地上的野花更是层出不尽：紫色的二月兰、地丁、丹参、鸢尾，黄色的毛茛、棣棠花、蒲公英，白色的马兰花……以前我以为野花都一样，各个季节的野花也都差不多，现在我知道，它们有各自的名称和习性，每朵花都是个具体而微小的世界。它们是独特的、清楚的，世界也不是混沌一片，而是清晰有条理的。

这就产生了一个问题：不是风景变了，而是人的心变了，变得安全有爱，从而会注意到以前未曾注意过的细枝末节。

当人的心充满秩序感的时候，他看到的事物也是有秩序感的。当人的心满是热爱的时候，外界的美会深深地吸引着他，他想回避都来不及。当人的心宁静从容，他遇到的每个人也都充满了善意。

造物主实在很神奇，因为人的内心是看不到的，也不容易有所察觉，所以它就让人的外在反映他的内在。有什么样的内在就会收获什么样的境遇。如果人的外部世界出现了问题，那一定是他的内心有太多不和谐。

这种不和谐也许是隔离——感受不到来自他人的真心和付出；也许是无从选择——选了A的正面，却不得不接受A的负面；也许是拒绝去爱或接受爱——无情是因为受伤；也许是无力、郁郁寡欢——对外界的一切都缺乏兴趣；也许是无穷尽地追求认可——拼命鞭策自己一定要优秀，不优秀毋宁死，累却停不下来；也许是经常遭受恨意、怨怼的折磨——没有人敢于承认，这是因为觉得自己不够好……

内心不和谐时，外界也是不美好的，或者说没有精力或能力注意到外界的美好。其实外界是客观的，美与不美它都在那里呈现着，你看到它的美，你就是幸福、满足的；你看到它的丑，你就是痛苦、悲哀的；你什么也看不到，那就是“睁眼瞎”，那感觉就像你从未在这个世界存在过，你把自己装进了一个玻璃罩子里生活，看似“看见了”什么，但那“什么”从未碰触你的身体或进入你的内心。

内心不和谐时，外界一旦有风吹草动，马上会波及内心，所以我们才有了那么多烦恼，而处在烦恼中的我们的样子，无论如何都不是自己想要活成的模样。

那我们想要活成什么样子呢?

有人会说，我想成为一个优秀的人，我要上名校，在工作上有所建树，在所从事的领域内做个拔尖儿的人才，只有“优秀”才是我想活成的样子。

有人会说，我想赚大钱，住大房子、开好车，出门在外再高级的宾馆都住得起，我想活成“自由”的样子。

有人会说，我要幸福，我想活成“幸福”的模样。

还有人会说，我想改变自己内向、木讷的形象，做人群中的佼佼者，我希望大家都喜欢我、接纳我，处理起人际关系来也要游刃有余，这才是我理想中的样子。

还有人说，我工作太忙了，陪孩子的时间都没有，我只想做个好妈妈（或好爸爸）。

……

所有这些答案错综纠缠，但是万变不离其宗，活成自己想要的样子，只是“对自己和生活很满意”的另一个说法，只不过我们经常会怀有一种错觉，认为只要成为想要的样子就可以对自己或生活满意了。

事实上，如果你没有一颗明智、勇敢的心，即便你费了九牛二虎之力达到了你的目标，你仍会感觉被骗了，感觉世事不公，从而陷入下一轮迷茫或焦虑。

那什么才是明智、勇敢的心？我觉得我们有必要重新理解一下“人不为己，天诛地灭”这句古语，现今它被很多人曲解为贬义——人不为自己谋私利，老天都会诛杀他。但它的真正含义却是说“人如果不修身，就会被天地所不容”，其中“为”（二声）是“修为”的意思。每当我看到这句话，我都会认为它是在说，人如果不修炼自我，不能成为一个有主心骨的“真人”，那就不会有好的人生。“天诛地灭”说的可不就是这个意思嘛。天地不容，不是老天爷让你去死，而是老天爷让你过得糟心，这是另外一个层面的“死”。

而修炼自我，修炼的又是什么？我觉得可以这样解释：人在出生之始，甚至在母体存在的那一刻，就是带有一种精神胚胎的。它是一个自然的存在，这个自然的存在决定他以后长成为什么样的人。如果没有环境的阻碍，他就会自然地生长，完成他在人间的使命，然后自然地老去、死去，进入集体无意识。这在荣格看来，就是自性化的过程。然而我们成长于世，受到的阻碍实在太多：父母说你要成器，你要考个好大学不要给我们丢脸；自己又告诉自己（然而自己的声音又是谁的声音）我一定要优秀，不优秀毋宁死；亲戚们说，你父母很不容易，你要听话不要太出格；朋友们又说，你男（女）朋友已经付出得够多了，你要好好珍惜……

我们总是不能以自己的精神胚胎所确立的形式去完成自己的成长，我们本来是一棵树，却生生“被”逼成一株玫瑰。这株玫瑰得有多痛苦啊！

所谓修炼，就是一种觉察，觉察到自己正在被引向长成玫瑰的路途上。

不是说玫瑰不好，而是我们天生就不是一株玫瑰。

也不是说树有多么崇高，而是我们在出生之始就被大道自然决定了长成树的模样，它是我们的故乡和天堂。

有个读者告诉我："一说'故乡'我就有种柔情蜜意的感觉。"我说："我也有同感。"因为"故乡"带给我们的感觉就是爱与安全，在那里我们可以随心所欲，而不必担心遭受任何不测。

"修炼"也要在爱与安全中进行。或者说，使自己拥有爱与安全的环境，这个"使"的过程本身就是修炼。因为在一个自由的环境里，人的内在动力决定了他"怎么向前"，以及"一直向前"。

那么，爱与安全是怎么获得的？并不是别人给的，但可以是别人给的。这句话有点绕。如果解释得更清楚一点则是，人在婴幼儿的时候，爱与安全是通过父母来获得的；但在成年以后，因为你本身就是个成年人，你一定可以练就一颗明智勇敢的心。分清什么是他人的要求，什么是自己不愿去做的，同时你要练就一种意识。这种意识可以让你搜集周围人对你的好与支持，对这种好与支持你要选择相信，因为你相信了它们就是你的资源，你不相信，它们就是变相地让你对自己产生怀疑。怀疑别人都是有目的的，这种怀疑会证明或导致你愈发觉得自己是没有价值的、自己不配获得爱。

就像我的一个来访者说她以前都以为老公爱她只不过是因为她家庭条件好，人长得也好看，所以老公才爱她。她最近两三年努力考过了会计证，还拿到了教师证，已经足够优秀了，然而老公并没有因为她足够优秀就对她的爱多一分，也不会因为只做一个普通的上班族而少爱她一分。最后这位读者告诉我，她说："你知道吗？我终于明白了我不必通过考证来获取别人的爱，我活着本身就是一种价值。"还有什么比真正的领悟更让人感动呢！

什么才是活成了自己想要的模样呢？你想要变得优秀，想要挣到很多钱，想要做个好父母，想要成为人群的中心，这所有自己想要成为的模样无一不是为了同一个目的，就是让自己对自己满意，从而获得幸福感。但现实生活中有太多的人，即便他们很优秀了、很有钱了、外界对他们的评价也很高了，他们仍不知足、仍觉得缺点儿什么，这到底是为什么？

不过是因为我们不能接受自己原本“是一棵树”的样子，那个被叫作“自我”的东西总是在寻求外界给我们的定义、评价或认可。这就好像一个又胖又丑的女人，如果旁人对她说：“你既苗条又漂亮。”她虽然对这话有所怀疑，但她仍会窃喜，因为她接受的是一个“假的我”，而对“真的我”视而不见。但这个“假的我”总是会在某个时刻而且不止一次遭到毁灭。“真的我”却是务实、可靠的，无论外界怎么变化，它都有力量从容应对。

人要首先接受自己原本的样子，然后看到自己的资源，直到可以无所顾忌地接受爱、付出爱。最后你会发现，这才是你真正想要活成的样子。因为这个轻松的状态正是最适宜的，人们所谓的“优秀”也是这个状态慢慢发展下去的自然结果，而不是绞尽脑汁费尽心力才能达到的目标。且这种“优秀”会给你极大的安慰和支持，你从来不会这样觉得：“我的愿望实现了，可这有什么意思呢？”

但愿我们每个人无论早晚都能活成自己想要的样子。